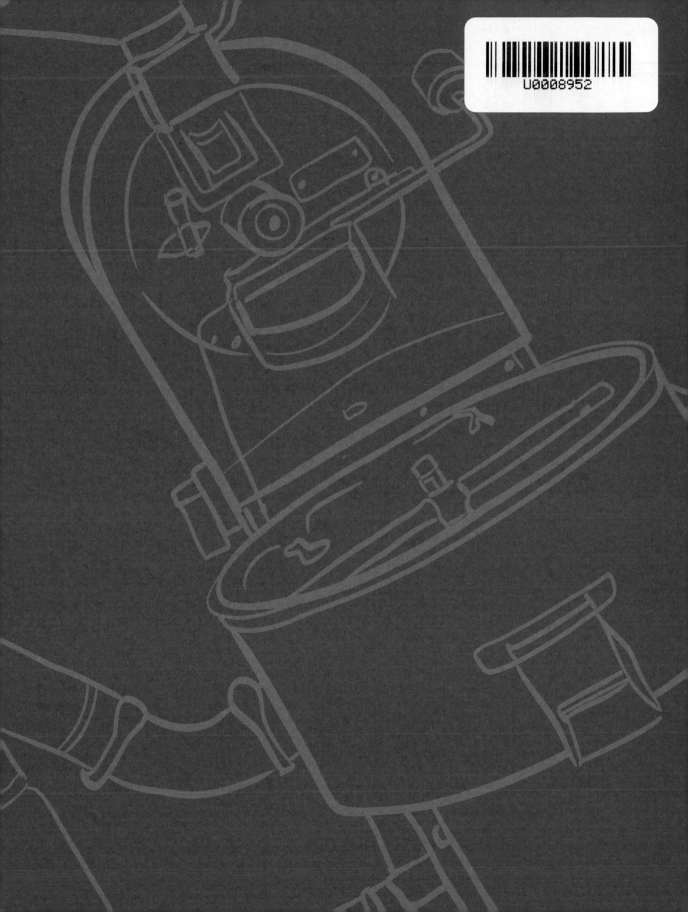

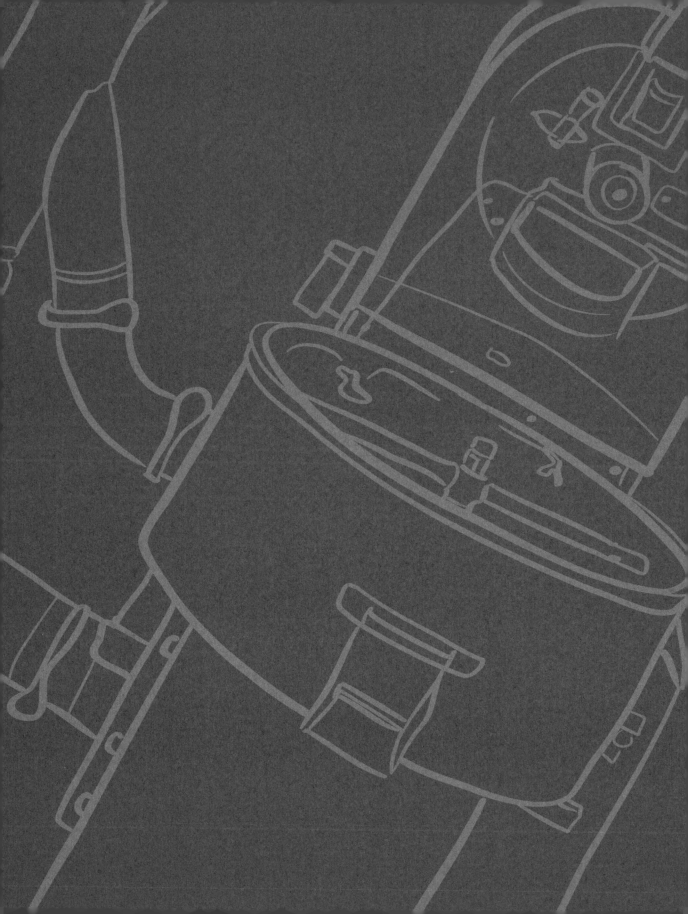

看圖學烘豆

THE COFFEE ROASTER'S HANDBOOK

A HOW-TO GUIDE FOR HOME AND PROFESSIONAL

看圖【學烘豆】

THE COFFEE ROASTER'S HANDBOOK

A How-To Guide for Home and Professional

買豆 挑豆 烘豆 沖泡

從愛咖啡到會烘豆的自學玩家全面指南

藍・布勞特
Len Brault
著

魏嘉儀
譯

看圖學烘豆

買豆、挑豆、烘豆、沖泡，從愛咖啡到會烘豆的自學玩家全面指南

原文書名　The Coffee Roaster's Handbook: A How-To Guide for Home and Professional
作　　者　藍‧布勞特（Len Brault）
譯　　者　魏嘉儀

總 編 輯　王秀婷
責任編輯　李　華
版　　權　徐昉驊
行銷業務　黃明雪

發 行 人　涂玉雲
出　　版　積木文化
　　　　　104台北市民生東路二段141號5樓
　　　　　電話：(02) 2500-7696｜傳真：(02) 2500-1953
　　　　　官方部落格：www.cubepress.com.tw
　　　　　讀者服務信箱：service_cube@hmg.com.tw
發　　行　英屬蓋曼群島商家庭傳媒股份有限公司城邦分公司
　　　　　台北市民生東路二段141號2樓
　　　　　讀者服務專線：(02)25007718-9｜24小時傳真專線：(02)25001990-1
　　　　　服務時間：週一至週五09:30-12:00、13:30-17:00
　　　　　郵撥：19863813｜戶名：書虫股份有限公司
　　　　　網站：城邦讀書花園｜網址：www.cite.com.tw
香港發行所　城邦（香港）出版集團有限公司
　　　　　香港灣仔駱克道193號東超商業中心1樓
　　　　　電話：+852-25086231｜傳真：+852-25789337
　　　　　電子信箱：hkcite@biznetvigator.com
馬新發行所　城邦（馬新）出版集團 Cite（M）Sdn Bhd
　　　　　41, Jalan Radin Anum, Bandar Baru Sri Petaling, 57000 Kuala Lumpur, Malaysia.
　　　　　電話：(603) 90578822｜傳真：(603) 90576622
　　　　　電子信箱：cite@cite.com.my

封面設計　曲文瑩
製版印刷　上晴彩色印刷製版有限公司

城邦讀書花園
www.cite.com.tw

2021年 4月 27日　初版一刷
2022年 5月 25日　初版二刷
售　價／NT$ 550
ISBN　978-986-459-285-2 【平面／電子版】
Printed in Taiwan. 有著作權‧侵害必究

國家圖書館出版品預行編目資料

看圖學烘豆：買豆、挑豆、烘豆、沖泡，從愛咖
啡到會烘豆的自學玩家全面指南/藍.布勞特(Len
Brault)作；魏嘉儀譯. -- 初版. -- 臺北市：積木文化
出版：英屬蓋曼群島商家庭傳媒股份有限公司城
邦分公司發行, 2021.04
　　面；　　公分
譯自：The coffee roaster's handbook : a how-to
guide for home and professional
ISBN 978-986-459-285-2(平裝)

1.咖啡
427.42　　　　　　　　　　　　　110005054

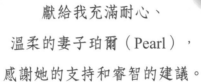

獻給我充滿耐心、
溫柔的妻子珀爾（Pearl），
感謝她的支持和睿智的建議。

剛烘好的咖啡豆從大
型商用烘豆機倒入冷
卻槽

目錄

引言

　　我兒時的記憶之一，就是聞到母親放在爐子上煮的玻璃過濾式咖啡壺飄散出來的美妙香氣。當然了，這種飲品是給大人喝的，因此我從來沒有嘗過。十六歲時，我第一份工作是在「安東洗衣店」（Anton's Cleaners），隔壁是「友好餐廳」（Friendly's）——這讓我突然意識到，我已經是個青少年了，也許我真的可以嘗試咖啡了。於是，我從友好餐廳買來一杯咖啡，加入一半牛奶、一半鮮奶油（half and half）和糖，接著啜了一口，從那刻起，我就對咖啡著了魔。

　　這些年來，我到處造訪創意十足的咖啡館，例如麻薩諸塞州（Massachusetts）的連鎖品牌「串連咖啡」（Coffee Connection）。但在被大型企業集團買下後，這間連鎖咖啡館的咖啡就變得充滿焦苦味、風味單調。我想，我只能靠自己了，因此我頻繁出沒於進口食品店，試著混合加勒比咖啡（Café Caribe）、布斯塔洛咖啡（Café Bustelo）、美樂家（Melitta）與 Lavazza 的咖啡粉，這個作法基本上，也能讓我和我的員工對辦公室咖啡感到滿意。但是，隨著時間久了，似乎越來越難找到品質上乘的咖啡。

2005 年，我找到了一個知名的越南咖啡品牌，並成為該品牌在美國及加拿大的獨家網路經銷商。我和一位出色的菲律賓女性結婚，而她帶我認識了來自她家鄉八打雁（Batangas）的賴比瑞亞種咖啡豆（Liberica，巴拉可咖啡〔Barako coffee〕），接著，我便開始專事從菲律賓、越南、印尼、緬甸等多個國家進口東南亞咖啡的貿易。我發現，這些地區的咖啡並未受到太多美國咖啡企業集團的干涉，也就是沒有被迫種植雜交品種，以及統一生產單一咖啡品種（variety）。那裡的咖啡農栽種的是更為古老、多元的物種（species）與品種。這一點十分重要，因為在這個氣候變遷的時代，單一種植會導致咖啡枯萎病更頻繁發生，以及使整個基因品系（genetic strains）滅絕的風險變得更高。

我是那種無法不去深究所愛之物的人，因此我開始著手調查、研讀和旅行，盡可能學習一切關於咖啡的歷史、種植和沖煮方面的知識。我開始了解到，咖啡──全世界交易量第二大的商品──能夠大幅改變全球超過十億人的經濟福祉。只要每年喝掉最多咖啡的美國消費者能實踐負責任的消費習慣，就能促成正向的改變。因此，將我擁有的知識傳遞下去，期望能將咖啡的樂趣帶進消費者的生活，並協助提升這個美好飲品生產者的生活水準，成了我的個人使命。

在這本書裡，我盡力回想剛開始學習烘豆時遇過的所有問題，以及我做過的所有決定。我解答了所有想要自己烘豆的人所關心的問題──不論是用爆米花機（air popper）或大型商用烘豆機──並提供不易在別處找到的知識。希望你在讀這本烘豆指南時，能和我在寫書時一樣享受！

由咖啡果實、生豆和熟豆排列而成的繽紛彩虹。

一位咖啡農展示手上咖啡樹枝條，上頭結滿成熟度不一的咖啡果實。

Part 1
認識咖啡
GETTING TO KNOW COFFEE

描繪巴西一處咖啡種植園的復古插畫

Chapter 1
咖啡簡史

古老的咖啡歷史 —— 靈性治療師、羅馬人與穆罕默德

在人類歷史中，咖啡一直都是充滿爭議的飲品。英格蘭的查理二世（King Charles II）、鄂圖曼帝國的穆拉德四世（Murad IV），甚至亨利·福特（Henry Ford）都曾試圖將咖啡驅逐出他們的帝國或企業；而教宗克萊蒙八世（Pope Clement VIII）、拿破崙一世（Napoleon Bonaparte）及美國總統約翰·亞當斯（John Adams）則是這種飲品的擁護者。時至今日，全世界一天大約要喝掉十億杯咖啡，擁有購買和沖煮以外咖啡知識的消費者卻是少數。

烘豆的人有義務知道更多 —— 不僅是為了自身的利益，也是為了那些可能會享用到他們努力成果的人。那麼，就讓我們從頭說起吧！

咖啡是全球交易量第二大的商品，第一名則是石油，也因此石油獲得了「黑金」的別稱，但事實上，咖啡也是黑金。全世界共有一千七百萬名咖啡農，咖啡讓將近十億人口得以維持生計。單單是美國人，一年就能喝掉一千四百億杯咖啡。一種這麼不起眼的植物，究竟是怎麼獲得全世界如此舉足輕重的力量？

據稱在西元 850 年時，衣索比亞牧羊人加爾第（Kaldi）看到他的羊群嚙食

描繪了咖啡屬植物的葉片、花朵和果實的復古插畫。額外加上的咖啡豆插畫展示了完整的咖啡豆和其剖面。

咖啡樹的葉子和果實後，出現了興奮活潑的舉止，因而「發現」了咖啡。這個廣為人知的傳說如今仍在世界各地不斷傳誦，彷彿就是史實一樣。沒人知道這個經過美化的傳說究竟從何而來。在那個年代，牧羊人早已在那塊土地上居住了數百年，野生的咖啡在當地也隨處可見。如果要等上數百色，才有一隻四處遊蕩的山羊「突然發現」咖啡樹叢的果實既美味又有興奮的作用，這種說法實在值得懷疑。

咖啡最早的使用紀錄，是作為一種醫療物質。我們從西元前四世紀到前二世紀的石板所留下的圖像證據中，可以看到靈性治療師和醫者在治療儀式中使用了咖啡樹的樹葉和果實。根據歷史紀錄，到了西元前幾世紀，羅馬士兵在上戰場前，會嚼食咖啡「果乾」來提振精神、獲取營養。伊斯蘭文獻中，也描述了大天使加百列（Gabriel）約於西元六世紀將第一顆咖啡豆交給穆罕默德，賜予他治療的能力，顯示出當時咖啡在醫學上的使用可能已經受到普遍公認。

烘焙咖啡

雖然並沒有可信的紀錄告訴我們人類是從什麼時候開始烘焙咖啡，但在烘焙與飲用咖啡的歷史上，早期流行的烘豆法是烘烤（baking）與火烤（fire roasting）。通常，豆子經過烘焙後，會加以研磨，再放到水壺裡煮沸。烘豆過程大多都不會在咖啡產地進行，未經烘焙的生豆會被運往五湖四海。歐洲人在十六世紀加入咖啡貿易的行列後，便用商船將咖啡豆從產地運回歐洲的加工廠。抵達歐洲後，咖啡豆通常都會以生豆狀態貯存起來，直到販售出去或沖煮前，才會進行烘焙。

數百年來，消費者和咖啡館都是自己烘焙咖啡豆。當時，除了產區以外，所謂的「綠色」生豆其實都是白色或

描繪顧客向咖啡攤
販購買咖啡的古董
雕版印刷插圖

淺黃色，這是因為咖啡豆在海運途中經過了「季風風漬」（monsooning）。當咖啡豆被存放在開放式的船貨艙和倉庫中，並暴露在風、雨、極端的熱度與溼度下，就會發生這種現象。這會讓咖啡豆充滿水分而膨脹，產生特殊的黴味和口感，顏色也會隨之變化。不過，這種「陳年」（aging）作用也會降低不少咖啡的酸味和苦味，整體風味也不會令人不快。當非洲以外的世界初次認識到季風風漬咖啡的風味後，人們對其的喜愛超過許多個世紀！

這些低密度的蒼白咖啡豆，通常每天都會由咖啡館商人放在平底鍋上烘烤或火烤，再經過研磨及沖煮後，提供給顧客。消費者也會將生豆裝在小紙袋裡，帶回家自己烘烤，或是每天向烘豆師購買事先秤量好的小包熟豆。

咖啡征服熱帶地區

到了 1610 年，荷蘭人打造了範圍遍及全世界的咖啡貿易市場。1696 年，荷蘭人用偷拐搶騙的手段，從阿拉伯人手中獲取了咖啡樹，並帶到了印尼。東窗事發後，這些植物最終還是沿著原有的貿易路線被運往南美洲和加勒比地區。

所有主要的殖民國家都將咖啡視為經濟作物。咖啡脫離了原始的產地之後，全世界超過三十個國家便紛紛展開種植。鳥類和哺乳動物吃下這種美味的果實後，種籽便隨著牠們的糞便排泄在一段距離外的肥沃土地上，進而把咖啡散播到更遠的角落。藉由這種方式，咖啡在非洲的回歸線地區四處傳播，後來更是擴散到全世界。咖啡適合在富含硼與錳的高海拔火山土壤生長。至今，已有一百二十五種咖啡物種登錄在冊，但只有四種常見於商業化種植：阿拉比卡（Arabica）、羅布斯塔（Robusta）、伊克賽爾撒（Excelsa）及賴比瑞亞。

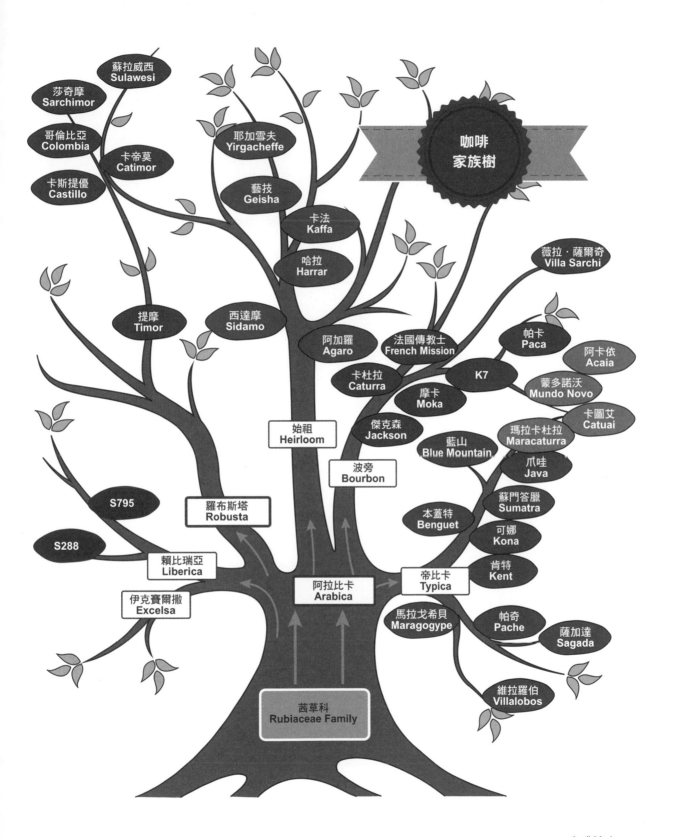

以產量與貿易機會而言,最為成功的有四個核心地區,分別是印尼、法屬印度支那(Indochina)、巴西及菲律賓。十九世紀末,法國耶穌會士在法屬印度支那各地建造了種植園(現今的柬埔寨、寮國、緬甸及越南)。印尼的大型種植園是由荷蘭東印度公司開墾,西班牙人則是將咖啡帶進菲律賓及加勒比地區。葡萄牙人把咖啡引入巴西。同一時間,波多黎各成為成功的咖啡栽種地區,他們生產品質極佳的咖啡,甚至許多歐洲皇室與羅馬、梵蒂岡的重要人士都是愛好者,因此又被稱為「教宗與國王的咖啡」。

咖啡物種起源

咖啡的基因極能適應其生長環境,也能靠著自然突變確保生存與傳播。由衣索比亞人及荷蘭人培植、最初的阿拉比卡種(*Coffea arabica L.*)和它的品種,其實並非最早被拿來培育的物種。現今認為咖啡物種的始祖與羅布斯塔(也就是卡內弗拉咖啡樹屬〔*Coffea canephora*〕)較為相近。阿拉比卡種顯然是卡內弗拉咖啡樹屬及尤金妮歐狄絲咖啡樹屬(*Coffea eugenioides S.*)的雜交種,後者是一種只生長在如獅子山(Sierra Leone)這幾個地方的物種。最初的卡內弗拉咖啡樹屬是在東非中部沿岸地區進行培育,那些土地現在可能已經成為離岸島嶼,例如馬達加斯加(Madagascar)和留尼旺(Reunion),而羅布斯塔的品種至今仍在這些島上占主要多數。

現今的咖啡

當咖啡成為一種商品時,便代表了一個帶來全球變遷的獨特契機。咖啡產業占了全球經濟體相當龐大的一部分,也

世界最大咖啡生產國

國家	產量（公噸）	最常見的物種
巴西	2,500,000	阿拉比卡、羅布斯塔
越南	1,600,000	羅布斯塔、阿拉比卡、伊克賽爾撒
哥倫比亞	800,000	阿拉比卡
印尼	600,000	阿拉比卡、羅布斯塔
衣索比亞	380,000	阿拉比卡
宏都拉斯	350,000	阿拉比卡
印度	350,000	阿拉比卡、羅布斯塔
烏干達	290,000	阿拉比卡、羅布斯塔
墨西哥	230,000	阿拉比卡、羅布斯塔
瓜地馬拉	200,000	阿拉比卡

以上根據 2018 年數據製表。此排行易受天氣和政治事件影響而改變。

在數十億英畝的土地上帶來環境衝擊。時至今日，我們在種植、進口、烘焙、沖煮和供應咖啡時所做的選擇，都造成了巨大的影響。和許多其他商品不一樣，咖啡產業擁有數百萬名小規模生產者，因此種植者和消費者所做的個人選擇，是真真切切地能改變世界，不論是變得更好或更壞。

以下是關於全球名列前茅的咖啡生產者的統計數據，能展示咖啡每年是如何行跡整個世界。

誰在喝咖啡？

這個答案可能會讓你嚇一跳。小規模生產者完全無法滿足龐大的需求量及價格。主要供應大量需求的是大型種植園，也就是所謂的「工廠化農場」（factory farm）。

在美國，40% 的咖啡消耗量來自公部門組織或機構，包括軍隊及監獄。這些咖啡透過招標流程供應，通常他們在意的不是品質，而是要確保咖啡合乎衛生標準（沒有遭到汙染與病害）。

另外 35%，通常都是未達到精品級（Specialty Grade）的咖啡，則是賣給旅館及大型零售店的供應商。

大約 15% 的咖啡是用作萃取物與調味料的來源，而非作為沖煮咖啡供應。這些咖啡並非精品級，通常是 B 級（Grade B），或以其他區分方式來表明這些咖啡的品質無虞、風味尚佳。

儘管精品級咖啡的消耗量在美國不到 10%，卻是本書討論小規模種植者的福祉時必須關注的方向，因為其中牽涉了數十億美元的商機。

鄰近哥倫比亞馬尼薩萊斯（Manizales）的咖啡園。

裝在送料槽中的
咖啡生豆，準備
開始烘焙。

Chapter 2
咖啡生豆

地點與種植

  咖啡能在各種類型與海拔的土地上種植，可以簡單到在偏僻叢林裡用手摘採野生咖啡樹的果實，也能複雜到在大型種植園數百英畝的土地上就著烈陽耕種。

  野生的咖啡樹通常生長在森林中樹冠較不茂密，且陽光充足的地方。咖啡樹喜歡大量的直射陽光，但由於咖啡容易失去水分，因此集水區和保水性佳的土壤，都是野生咖啡樹理想的生長地點。要有生長良好、產量豐富的咖啡樹，就不能缺少硼和錳元素，因此咖啡適合生長在充滿礦物質的火山土壤。

  原始的阿拉比卡品種在森林的樹冠遮蔭區域生長，但咖啡是熱愛陽光的植物，同時也需要能保持溼潤的土壤，因此它們在大自然中找到了生存的折衷辦法——選擇在日照夠強，但土壤有足夠的遮蔭，能在乾燥的月分仍保持溼潤的地點生長。使用灌溉法的咖啡農，能將咖啡種植在陽光直射的地方，以求產量最大化，他們也能選擇種植抗旱性強的雜交種。全日照的生長環境其實並不自然，而在「皆伐」（clear-cut）土地上開發的咖啡農園更減少了原生動植物群

的棲地。皆伐（將一地所有林木與植被全都伐光）的作法讓田地更容易暴露在惡劣天氣中，也可能會因為地表逕流（runoff）而造成環境問題。使用殺蟲劑與肥料也會造成土壤汙染。

蔭下栽種與日照栽種

蔭下栽種（shade-grown）咖啡看似是個很棒的解決方案。當我們聽到「蔭下栽種」時，腦中想像的畫面是咖啡樹在生機盎然的茂密叢林裡自然生長。但是，這個詞彙真正指的是滿足一種產業條件的咖啡農法，也就是把咖啡種植於最低 20% 遮蔭面積之處。至於是哪一種植物產生的遮蔭，更是沒有明文規定。咖啡農通常會栽種三層植物。第一層是咖啡樹，第二層往往是柿子樹或其他常見的中等高度植物，第三

上圖：綿延的山丘上種滿了咖啡樹和香蕉，這些農園就在哥倫比亞布埃納維斯塔（Buenavista）的安蒂奧基亞省（Antioquia）附近。

對頁上圖：咖啡園中的褐領雀（rufous-collared sparrow）

對頁下圖：一隻黑白相間的南美蜥（Tegu lizard），是自由漫遊在巴西森林的生物之一，森林裡還包括咖啡農園。

上圖：當地咖啡農正在尼加拉瓜（Nicaragua）一座咖啡園翻土

對頁：哥倫比亞咖啡園不規則的丘陵地

在適當的環境裡健康生長的咖啡樹不需要任何化學肥料或殺蟲劑。咖啡因本身就是天然的殺蟲劑,而大多數咖啡樹只要夠強壯,生長速度就能超過枯萎病造成的破壞。

層則是酪梨樹或榛樹。咖啡農因此能有多元的農作物,也能增加土地利用效率,但對原生動物群來說,這完全是個不自然的環境,牠們往往會避開這些農園,棲地選擇不增反減。

我曾漫步於使用蔭下栽種法的咖啡園,卻從未見過任何野生動物。到了晚上,我看到蜂鳥和其他小型動物會從好一段距離之外出現,食用農舍旁的水果和花朵。

在巴西的米納斯吉拉斯州(Minas Gerais)波蘇斯-迪卡爾達斯市(Poços de Caldas),有些咖啡農則採取了不同的作法。他們在熱帶雨林保護區開墾棋盤式的農地,藉由交錯排列這些適當大小的農地,野生動物能棲息在咖啡樹附近,白天時也能在咖啡園裡尋找食物。在田間漫步時,我觀察到有數十種鳥類和小動物在咖啡樹之間出沒。

想知道一位咖啡農是不是優良的土地管理人,購買咖啡時,就要多了解咖啡的種植者,以及他們是如何利用自然環境。這會比一句包裝上的標語能告訴你的多更多。

育苗區:栽種幼苗

咖啡樹通常是經由種籽發芽成長,或是剪下枝條後插植在小盆中,放在有良好保護的區域。透明塑膠防水布會掛在上方和側面,保護幼苗不受極端天氣事件影響。育苗區的地面通常會順著地勢變化、灌溉渠道或供水水源的安排,鋪成平坦的階梯狀。儘管經過謹慎的規劃,育苗區仍容易因洪潦或暴風而毀於一旦。

如果咖啡樹順利長大成熟,就會移植到咖啡園區,往往會與其他已成熟的植物交錯種植。小規模咖啡農一年嘗試種植兩萬株咖啡苗,並不是什麼稀奇的事。咖啡樹通常在第三個生長季之前,都不會有足夠的產量。

育苗區裡一排排的
阿拉比卡咖啡樹

新鮮咖啡果實的不同狀態：完整的豆子、剖半，
以及包覆著生豆的果膠層。

咖啡豆的結構

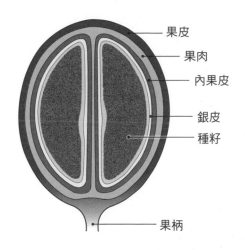

- 果皮
- 果肉
- 內果皮
- 銀皮
- 種籽
- 果柄

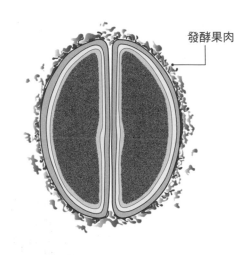

- 發酵果肉

- 銀皮
- 果膠

咖啡果實是什麼？

　　咖啡是一種帶核水果（stone fruit），就像櫻桃、李子與桃子一樣。擁有亮麗色彩的果實被稱為「咖啡果實」（coffee cherry），由果皮和多汁的果肉組成。在果肉底下，是一層黏黏的果膠、一層內果皮，以及一層包覆著果核（或稱種籽）的外殼（husk）。種籽（咖啡生豆）通常會在發育期間裂成兩半，因此每個咖啡果實都會有兩顆種籽，它們會因為彼此擠壓而呈現有點兒平坦的形狀。少部分的種籽不會裂開，這種形狀和大小與豌豆類似的種籽，就稱為「圓豆」（peaberry）。

　　咖啡樹成長的時候，會從陽光吸取能量，讓樹液從根部流向葉片和果實。日落後，咖啡樹會將糖分和其他物質交換回土壤裡，同時，果實或葉片會在夜間發育。

　　大部分咖啡產地都有雨季和乾季。進入乾季幾週後，成熟中的果實的含糖量（sugar content）會達到巔峰，而這是由於樹液帶給果實的澱粉被轉換成糖之緣故。果實裡的糖分會

在之後烘焙時影響咖啡生豆的風味。糖分越多，咖啡豆在烘焙時就會越容易呈現「棕色」、焦糖化（caramelize）程度就會越高，咖啡通常會因此產生一種更加濃郁的風味。

採收與後製處理

採收是件非常吃力的體力活。如果成熟的咖啡果實沒有迅速採收，就會過熟、腐爛。

無法以公平的價格賣出作物的咖啡農，經常會找自己的孩子協助採收，導致孩子失去接受足夠教育的機會。若能以公平的價格向咖啡農購買作物，便足以支撐起一整個社群；他們能負擔得起雇用短期工人的薪水，孩子就能留在學校讀書。

在咖啡果實含糖量最高的時節，謹慎地對最成熟的果實

上圖：放置在太陽底下晒乾的咖啡豆

對頁：剛採收下來、正在進行乾燥程序的咖啡豆。

進行多次採收的咖啡農，往往會從這些採收挑出「微批次」（microlot）。他們可能會針對這些微批次採用不同的果實處理法，在初步乾燥及發酵過程中，留下部分或全部的果肉和／或果皮。這就稱為「蜜處理法」（honey process），能增強咖啡豆的甜感與風味。

如果咖啡農並非自己進行果實的乾燥處理，就會盡快將採收下來的果實送到合作社（co-op）或處理廠。在那裡，整批採收下來的作物會被放到水裡，將熟果與未熟果分開。熟果會沉入水底，大部分的未熟果則是浮在水面上，等著被撈起挑除。

咖啡果實的處理中，需要將種籽與其他部位全部分離，並加以乾燥，直到咖啡豆夠堅固，能承受貯存、運送和烘焙

鋪平在地面、正在利用日晒處理法進行乾燥的咖啡果實。

的過程。達成這個目標的方法取決於手邊的設備工具、天氣條件，以及追求什麼樣的風味口感。

接下來的程序，依不同的後製處理法而有所差異。在「乾」（dry）或稱「日晒」（natural）處理法中，咖啡果實會被小心地發酵數個小時，接著鋪平在地面上，讓陽光晒乾。在「溼」（wet）處理法中，會以水洗方式移除果肉，接著置入有遮蓋的盤子中，放到戶外乾燥。如果戶外的天氣不佳，或是處理廠數量不足，就會使用窯來進行乾燥程序。用窯乾燥的咖啡豆，風味發展通常都比日晒乾燥的豆子來得少。

想要咖啡豆均勻地乾燥，就必須時常翻動。當咖啡豆達到最佳含水量（通常約21%）時，就會迅速裝袋，以穩定溼度。一批咖啡豆安全裝袋後，新一批豆子就會進入乾燥程序，如此反覆進行許多遍，直到整批收穫都完成為止。

在這個階段，咖啡豆還保有一層硬殼，通常稱為「內果皮」（parchment），那是一層包裹著咖啡豆的易碎覆蓋層。乾燥後的咖啡豆，會以敲擊或滾磨除去外殼。去除這層外殼後，咖啡豆終於看起來像我們熟悉的綠色生豆樣貌了。接著，這些咖啡豆被裝進帆布袋，標上產地、品牌、生產年分和其他相關資訊。咖啡豆會先包在塑膠袋裡，再放入帆布袋，使其在貯存和運送過程受到保護，避免不必要的溼氣。如果你買了一袋咖啡，裡面卻沒有防溼保護層，應該立刻把咖啡生豆裝進密封的袋子或箱子裡。

溼處理？乾處理？蜜處理？

不同的生豆處理法，對最後的風味口感有十分巨大的影響。例如，由於乾或日晒處理法的咖啡生豆長時間與果肉和果皮接觸，便會吸收水果風味，發展出黑糖和蜂蜜調性香氣，風味口感也會比較強烈、飽滿。相對的，水洗處理的咖

啡生豆與果肉接觸的時間就沒那麼長，因此會有堅果、辛香料或巧克力調性的風味。

溼／水洗處理法

磨皮機（milling machine）會將咖啡果實切開，洗去果皮和果肉，把還保有果膠層及硬殼的咖啡豆送進盛裝桶中。此時，被果膠覆蓋的咖啡生豆看起來就像非常大顆的番茄種籽。

大部分的生豆處理廠，都會在一處主要地點使用大型的機械設備，不過，許多小規模咖啡農現在開始共用可攜式機器，讓機器輪流前往一座座咖啡園，而不是把脆弱、易壞的咖啡果實運到城鎮裡的大型處理廠。一臺可攜式機器可以服務二到十位農地鄰近的咖啡農。

乾／日晒處理法

還包在整顆果實裡的咖啡生豆，會在一處暫置區域等上幾個小時，接著在陽光下鋪平晒乾（如果天氣允許的話）。這個過程所需的時間，會比果皮與果肉先被移除的咖啡豆來得久。在多出來的這段時間裡，果肉中的糖分和營養被咖啡生豆吸收，對風味與甜感產生影響。一旦果實乾燥了，就會使用機械把生豆從果實中分離。接著，咖啡豆會在陽光下或窯裡進行第二次乾燥。

去果肉／蜜處理法

使用了溼與乾處理法的部分方式，讓還留有部分果肉的生豆在陽光下自然乾燥，這會提高生豆的含糖量，轉換成發展更高、擁有水果及焦糖調性的風味口感。

乾燥法

乾燥咖啡果實的方式有許多種。每種方法都會為乾燥完成的果實帶來不同味道。乾燥法的選擇通常是由氣候條件決定。咖啡農會依照需求使用下列步驟的不同組合。

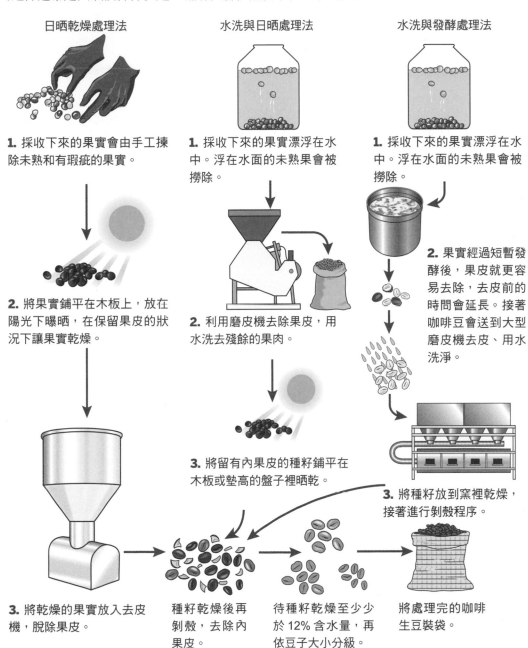

日晒乾燥處理法

1. 採收下來的果實會由手工揀除未熟和有瑕疵的果實。

2. 將果實鋪平在木板上，放在陽光下曝晒，在保留果皮的狀況下讓果實乾燥。

3. 將乾燥的果實放入去皮機，脫除果皮。

水洗與日晒處理法

1. 採收下來的果實漂浮在水中。浮在水面的未熟果會被撈除。

2. 利用磨皮機去除果皮，用水洗去殘餘的果肉。

3. 將留有內果皮的種籽鋪平在木板或墊高的盤子裡晒乾。

水洗與發酵處理法

1. 採收下來的果實漂浮在水中。浮在水面的未熟果會被撈除。

2. 果實經過短暫發酵後，果皮就更容易去除，去皮前的時間會延長。接著咖啡豆會送到大型磨皮機去皮、用水洗淨。

3. 將種籽放到窯裡乾燥，接著進行剝殼程序。

種籽乾燥後再剝殼，去除內果皮。

待種籽乾燥至少於 12% 含水量，再依豆子大小分級。

將處理完的咖啡生豆裝袋。

剝除處理法

這個程序是為了移除外殼，不論是用溼處理法或乾處理法皆可。大部分咖啡豆在乾燥時，都還留有內果皮，並處於長期陽光充沛的乾季氣候裡。在潮溼的氣候下，例如蘇門答臘（Sumatra），比較好的作法是溼剝（wet-hull）處理法，因為需要陽光曝晒來完成生豆後製處理的時間較短。在生豆完全乾燥之前，內果皮會被去除（含水量通常是落在20~24%），再利用機械或日晒乾燥，直到含水量降至12%。

我之所以在此處提及這些名詞，是因為某些產區（尤其是印尼）會特別強調他們的剝除處理法。溼剝處理法的咖啡豆風味美妙濃郁、充滿大地風味，這是因為在戶外乾燥時，陽光會將剩餘的果肉風味烤進咖啡豆裡。去理解這些細節，對烘豆玩家很有助益。這種處理法通常會讓咖啡生豆變成深綠色，幾乎帶點藍色，也常在兩端出現裂痕，這是由於果實內仍溼潤的咖啡豆暴露於熾熱的陽光下所造成。但是，在室內使用加熱機烘乾的溼剝處理咖啡豆，就不會帶有這種細緻的風味差異。

咖啡物種

在北美洲，我們不斷遭受轟炸式的宣傳，告訴我們阿拉比卡比其他所有品種都來得優良，特別是比羅布斯塔好。我們也許可以篤定地說，美國的咖啡館賣的 99.9% 都是阿拉比卡的咖啡。這就表示，如果你今天喝到一杯難喝的咖啡，那是阿拉比卡；如果你今天喝到一杯很棒的咖啡，也是阿拉比卡。一杯咖啡好喝與否，不單純只是因為品種，也和種植方式、海拔、後製處理的品質與沖煮方式有關。

至今，仍有四種商業咖啡品種在持續種植：阿拉比卡

（52%）、羅布斯塔（41%）、伊克賽爾撒（6%）及賴比瑞亞（1%）。不同的品種在不同的種植環境下，都有各自的獨特優勢，為綜合配方豆（blend）或濃縮咖啡（espresso）、即溶咖啡或咖啡萃取物，分別提供各自特定的優點。這四個品種的咖啡若生長良好、經過適當的後製處理、沖煮得宜，全部都非常美味。儘管伊克賽爾撒和賴比瑞亞的產量較低，請記得，全世界一年生產數千萬噸咖啡，因此 7% 可是一點都不算少。

全世界生產的咖啡，絕大多數都並非針對別具眼光的消費者。只有不到 10% 的咖啡能被稱作精品咖啡，其他都是為了咖啡萃取物、即溶咖啡、政府機構與其他要求沒那麼高的市場而種植。

阿拉比卡是最常被種植的咖啡物種，它同時也擁有最多品種。它的適應性突變機率很高，而當突變帶來令人滿意的結果時，就會為其命名並有計畫地種植，以生產特性一致的後代。普遍而言，阿拉比卡比較脆弱，就算在最理想的種植環境下，也容易受到疾病的影響，失敗率也較高，人們因而開始對其進行基因改造，可能是直接使用基因控制技術，或是嫁接其他物種到作物上。由於種植與改造的規模都相當大，阿拉比卡的基因與系譜資訊紀錄，比其他物種都多。

羅布斯塔雖然在北美洲受到嚴苛的批評，還時常被評為有「燒焦橡膠」（burnt rubber）的風味，但優良的羅布斯塔十分滑順、口感飽滿，酸味和苦味都比較低。羅布斯塔的不良名聲是來自於美國咖啡權威人士的偏好傾向，以及沒喝過高品質的高地羅布斯塔、因而刊登負面資訊的部落客。羅布斯塔難喝的迷思源自 1990 年代，當時越南用錯誤的方式種植羅布斯塔，接著短視近利地一口氣傾銷到全球市場。北美洲的咖啡公司使用便宜的咖啡製造大賣場品牌的咖啡商品，因

實用速記：
包含阿拉比卡以內的四個咖啡物種，都能透過適當的栽種而獲得較高的精品咖啡杯測分數，這就是它們仍能繼續存在的理由！

此我們很難找到好喝的大賣場咖啡。當咖啡愛好者在尋找這種糟糕咖啡的始作俑者時，他們責怪的卻是物種，而不是錯誤的種植方式。

經歷這場失敗後，越南重新學習種植出好喝咖啡的方法。政府也允許私營供應商，諸如中原咖啡（Trung Nguyên）與高原咖啡（Highlands Coffee），重新制定更好的種植法。此後，越南再次生產出精品等級的咖啡。儘管越南大部分的羅布斯塔都是交易豆等級（Exchange Grade），我們仍可以說全世界最棒的羅布斯塔出自越南比較優良的種植區域。

一名義大利咖啡顧問曾於 2009 年出版一本書，其中揭露了一項驚人的事實：自 2005 年起，國際賽事奪冠 80% 的義式濃縮咖啡，都含有來自越南大叻（Dalat）地區品質頂尖、更高海拔的圓豆羅布斯塔。不久之後，大部分賽事開始要求參賽者在綜合配方豆標明所使用的物種。許多參賽作品都含有所謂的「亞洲羅布斯塔」（Asian Robusta），同時指稱了來自大叻和印度的羅布斯塔。

賴比瑞亞是最少見的商業咖啡物種。以咖啡的歷史與基因組成而言，這個物種極為重要，因此我們不該在討論咖啡物種時忽略它。賴比瑞亞種咖啡樹長得比其他物種都高，也對咖啡枯萎病有抵抗力。因此，1890 年左右，當枯萎病在全世界爆發時，賴比瑞亞咖啡在菲律賓、馬來西亞和其他地區取代了阿拉比卡。它的香氣極為豐沛飽滿，帶有一種在品飲者之間評價兩極的泥土芳香。在菲律賓，賴比瑞亞被稱為「巴拉可咖啡」，「巴拉可」（Barako）一詞，有兩種翻譯方式。就字面上而言，巴拉可是一種兇猛的原生野豬，棲息在菲律賓的森林裡，同時也是當地俚語，意思是「硬漢」，指稱那些愛喝濃烈咖啡的強壯甘蔗園工人。

伊克賽爾撒被認為是從賴比瑞亞種演化發展而來，擁有一種某些人無法接受的不尋常香氣，但它的風味口感極為平衡、乾淨，許多頂尖配豆師（blender）會用在配方豆中，來平衡其他咖啡豆的缺點。伊克賽爾撒的杯測風味表現非常優秀，但也因為它的特殊香氣而無法廣受喜愛。

認識味覺：
為什麼人們喜歡不同的物種與風味？

為什麼大家似乎都無法一致同意好喝的咖啡是什麼樣子？為什麼有些人喜歡阿拉比卡咖啡，有些人則是喜歡羅布斯塔咖啡？為了了解好喝的咖啡為什麼會好喝，我們需要先理解兩件基本的事情：第一，人類的味覺如何運作；第二，不同的味蕾會喜歡不同的物種和品種。如果能好好了解這些事，你就已經踏在成為頂尖配豆師的道路上了。

繼續閱讀前，請先記住以下詞彙的定義：

味覺（palate）：在討論味覺時，這個詞有兩種用法：第一，指稱口腔的上顎；第二，指稱一個人的味覺能力與偏好。

味蕾（taste buds）：數千個微小的受器，位於舌頭、嘴唇和上顎後方等複雜的表面，甚至喉嚨裡面也有。根據健康狀態、解剖學結構和年齡的不同，每個人擁有的味蕾數量差異甚大。任兩人之間的味蕾數量差異可達到五倍之多，不算是什麼稀奇的事，在某些罕見的個案裡，數量的差異甚至可以高達一百倍。

美國、加拿大和德國的研究機構所發表的文獻中，記錄了人類味覺敏感度有驚人的多樣差異。一項由佛羅里達大學

（University of Florida）主持的研究區分出了三種基本群體：15% 的人口屬於「味覺缺陷者」（taste-impaired），60% 的人口屬於「味覺正常者」（normal tasters），25% 的人口則是「超級味覺者」（supertaster）；也就是某個特定味道會讓他們的味蕾無法承受，產生近乎於疼痛的感受。更複雜的是，有些超級味覺者只對特定的味道敏感，例如甜味或苦味。

軟顎（soft palate／back palate）是人體內上顎後方露出一部分的味覺器官，此部位與大腦的連結方式也不一樣。釀酒師在談論葡萄酒的風味印象時，是指軟顎這個部位。對於咖啡配豆師來說，這是需要考量的重要資訊。硬顎（front palate／hard palate）的味覺感受器對酸味、香氣和甜味最有反應。這些風味特性在阿拉比卡咖啡中最為強烈，因此偏好「硬顎味道」的人會喜愛一杯好的阿拉比卡咖啡，並覺得羅布斯塔咖啡過苦或風味沒有層次。軟顎（或稱上顎後端）則對醇厚度（口感）與苦味有反應，而且對風味經驗的記憶也維持得比硬顎（上顎前端）來得久。偏好「軟顎味道」的人會覺得阿拉比卡咖啡口感太稀薄、酸味太強，因此他們會比較喜歡羅布斯塔或阿拉比卡與羅布斯塔的雜交種咖啡，例如卡帝莫（Catimor）和提摩（Timor）。

在我進行超過一萬次的盲品實驗中，約莫超過一半的受試者偏好阿拉比卡咖啡，另一半則比較喜歡羅布斯塔咖啡。此外，偏好軟顎味道的人若在盲品選擇了羅布斯塔咖啡，在進一步的實驗中，他們會對再次選擇相應軟顎味道的咖啡風味，並且自動避開純阿拉比卡咖啡，除非那是羅布斯塔的雜交種。這些受試者也傾向於選擇賴比瑞亞咖啡與伊克賽爾撒咖啡，而這些咖啡的風味口感對於硬顎或軟顎來說，都比較沒那麼明確。了解這些資訊後，你會怎麼調配出一款能在比賽中奪冠的義式濃縮咖啡呢？第一，由於精品咖啡協會

味覺的構造

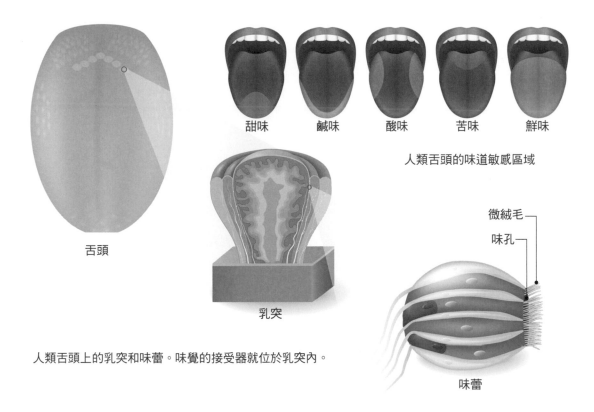

甜味　鹹味　酸味　苦味　鮮味

人類舌頭的味道敏感區域

舌頭

乳突

微絨毛

味孔

人類舌頭上的乳突和味蕾。味覺的接受器就位於乳突內。

味蕾

（Specialty Coffee Association，SCA）和大部分杯測標準都是針對評鑑阿拉比卡咖啡而設計，因此都是有利於對應硬顎味道的咖啡。如果你想拿到高分，但也想以獨特、有記憶點的風味脫穎而出，你可以用阿拉比卡作為配方基底，加入 20% 的羅布斯塔和一點伊克賽爾撒，補充缺失的風味元素。對於阿拉比卡風味為評分基準、但通常都有個人喜好給分項目（10 分）的評審來說，這個作法可以增加對他們的吸引力。儘管與受過的訓練不同，但有一半的評審可能是偏好軟顎味道，且對多元物種咖啡配方有正面反應的人。這杯咖啡也許

人類的味蕾是大自然生物工程的奇蹟。味蕾的數量與敏感度在不同人種與族群之間都不一樣，也許反映出了自然遷徙與迴避特定食物來源的現象。

咖啡生豆成分

纖維素纖維	≈33%
油脂	≈13%
蛋白質（氨基）	≈11%
糖	≈8%
綠原酸	≈7%
礦物質	≈4%
咖啡因	≈1.5~2.5%
葫蘆巴鹼	≈2%

咖啡熟豆成分（中焙）

纖維素纖維	≈33%
油脂	≈13%
蛋白質（氨基）	≈9%
糖	≈4%
綠原酸	≈2%
礦物質	≈4%
咖啡因	≈1~2%
葫蘆巴鹼	≈1%

真的可以讓每個人都喜歡，還能多拿一些評審的個人喜好分數，而這就會讓結果大大不同了。許多冠軍通常都只比其他人多拿了 1~3 分。

如果你不是以在國際賽事奪冠為目標，只是想讓自己和朋友開心，可以試試不同的咖啡物種或亞種，找出他們喜歡的風味。學習人類味覺的多元性時，最重要的是不要覺得有任何一個產區或物種能同時滿足所有人、讓大家都認為它是「最棒的咖啡」，這是很不切實際的想法。

咖啡的化學

咖啡是世界上最複雜的複合食品之一。有專家聲稱，咖啡豆包含四百至一千種以上影響風味的化合物。我們在烘焙咖啡豆時，會將數百種這類化合物轉換為不同的化合物。每一個轉換過程都以不同的速度發生，並且發生在不同的溫度曲線中。大多數的轉換過程都不在我們的掌控之中，但某些非常明顯的風味調性，可以藉由烘焙技巧來呈現或抑制。

最劇烈的轉變發生在綠原酸（chlorogenic acid，讓咖啡帶有苦味的主要來源）、蛋白質、糖分、咖啡因與葫蘆巴鹼（trigonelline，一種帶有苦味的生物鹼，同樣也是烘焙過的阿拉比卡咖啡的主要香氣來源）。羅布斯塔含有的葫蘆巴鹼比較少，咖啡因的含量則是阿拉比卡咖啡的兩倍。

挑選與購買生豆

十年前，在北美洲要找到能夠購買少量生豆的地方並不容易。在我撰寫此書的時候，供應來源已有顯著的增加。那麼，你該依照什麼標準挑選生豆呢？

價格

在咖啡世界中,有件事十分奇怪,那就是咖啡的價格幾乎和品質沒有任何關聯。咖啡的價格基本上是由物種或品種,以及商家一次販售的數量所決定。你可能會在一袋風味貧乏、毫無特色,但產區地名聽起來異國風情十足的咖啡上花不少錢,或是用便宜的價格買到風味豐富濃郁、令人滿意的咖啡,但產區名稱可能毫無記憶點。咖啡豆被多少中間商經手也會影響到價格,因為每一次轉手,就會讓價格增加。

咖啡的數學:為了支付經常性費用、人力、包裝和其他成本,商家會至少以進貨價的兩倍價格將咖啡豆賣給你。舉例來說,如果你以 1 磅 5 美元的價格購買少量的咖啡生豆,

一袋生豆

那麼，可推測商家花在每磅豆子的成本不會超過 2.5 美元，而其中有 0.3 美元是用來支付海運費用，因此真正的成本是 2.2 美元。如果商家是透過中間商或交易所購買生豆，他們會抽走至少 35%，於是成本就剩下 2.43 美元。最後，減去將咖啡豆運到港口的費用後，最原本的咖啡豆成本便是 1 磅 1.35 美元。

如果一名咖啡農和其家人要擁有合理的生活水準，最低必須要以 1 磅 1.75~2 美元的價格賣出咖啡豆。加上運送、中間商的費用、海運和咖啡豆供應商的經常性費用後，少量咖啡豆的末端零售價就不會低於 1 磅 7 美元。

大量購買的買家，花在每磅咖啡豆的進貨成本就更低了；成本加成與運送費用會低廉許多。當大量購買時，定價會完全不同，因為此時的通路為批發市場。如果咖啡供應商是透過直接貿易（Direct Trade）以貨櫃為單位（7~15 噸）

烘焙新手的建議用豆

以下是推薦給適合烘豆新手使用的咖啡豆建議。

阿拉比卡的分支「帝比卡」（Typica）基本上是最容易烘焙的咖啡品種。這種咖啡通常都以統一大小分級，密度往往較為一致，也比羅布斯塔和其他物種含有更少的未熟豆。通常巴西和中美洲的阿拉比卡都有範圍很廣的理想烘焙溫度，但蘇門答臘和其他印尼咖啡則是例外。阿拉比卡的另一分支品種「波旁」（Bourbon）的烘焙難度較高，需要更長的休眠期，讓風味適當發展再進行評估。

卡帝莫是阿拉比卡和羅布斯塔雜交種的亞種。不知為何，不論我用什麼烘豆機烘焙卡帝莫，我總是幸運地獲得很棒的結果，就連我那臺許多豆款都烘得很不穩定的直火式咖啡烤爐（grill roaster）也是。卡帝莫似乎總是能產生理想、均勻的上色程度，爆裂與風味發展的階段也十分明確。

向咖啡農採購咖啡豆，你的進貨價格就能降到 3~3.5 五美元（阿拉比卡），但咖啡農仍能拿到 1.75 五美元的好價格，甚至更高（注意，這裡使用的數字是基於平均市場的粗略價格。每年的價格都不一樣，而咖啡農真正的財務需求為何，端看他們當地的經濟狀況與生活成本）。

請避免以少量採購咖啡豆，除非目的是嘗試一款新豆。請尋找 10 磅包裝或任何符合你需求的量，如此一來就能降低至少 40% 的成本。

裝在布袋裡的生豆

咖啡的採購來源

　　購買生豆時，你可能會看到諸如「雨林聯盟認證」（Rainforest Alliance Certified）、「好咖啡認證」（UTZ）或「公平貿易組織」（Fair Trade）等認證標章。某些咖啡豆可能會明確指出其生產方式符合特定的環境或安全作業標準。其他如「公平貿易」等認證，則是代表咖啡買賣的方式符合一定的貿易原則。這些認證標章常常會直接印刷在運送咖啡豆的帆布袋上，讓商家與買家能直接看到。袋子也可能會印刷其他名稱，代表高品質或特殊的後製處理方式，例如有機咖啡（Organic）、三次手選（Triple-Picked）、溼剝處理與

價格範圍範例

咖啡農的生產成本：咖啡果實每磅 0.8 美元，後製處理過的咖啡生豆每磅 1.1 美元。

| 中間商支付的**價格**：依不同的市場而定，每磅 1~1.5 美元。 | 合作社支付的**價格**：依不同的市場與區域而定，每磅 1.2~1.7 美元。 | 公平貿易支付的**價格**：依不同的市場而定，每磅 1.2~1.8 美元。 | 直接貿易支付的**價格**：每磅 1.5~3 美元以上。 |

以上價格範圍依據中美洲的平均數據而列，全世界的情況都不一樣。

日晒等等。認識這些認證標章代表的意義很重要。

中間商

　　合作社和中間商會盡可能用最低的價格向咖啡農購買尚未後製處理的咖啡果實，再自行脫殼、乾燥、貯存、重新販售。咖啡農的利潤非常少，如果某一年的市場價格下滑，甚至可能會讓他們虧損。

公平貿易

　　公平貿易組織是一間私人企業，讓咖啡農加入他們的計畫，並保障咖啡農能得到高於市場成本的利潤，以及更好的勞動條件。但是，公平貿易組織的價格通常只比中間商的價格高出 0.2 美元（1 磅）而已，咖啡農卻必須為此支付加入計畫的費用。

直接貿易

　　在直接貿易的交易形態中，咖啡農必須自行進行後製處理，或是委託當地的處理廠。如果處理廠是由合作社或中間商經營，咖啡農能將咖啡豆賣給處理廠。透過直接貿易將咖啡豆賣給末端買家的咖啡農，能拿到最好的銷售價格，因此這一直以來都是農家優先選擇的作法。但是，咖啡農可能完全沒有採取這種作法的管道。

有機咖啡

　　儘管有機食物的概念聽起來很棒，實際的情形卻遠比想像中來得陰暗複雜。咖啡農在宣稱自己的農產品經過「有機認證」之前，必須先花上三年轉型為有機生產，並支付至少 3,000 美元的認證費用（還有每年收取的審查費用）。對小規模的咖啡農園來說，根本無力負擔。追溯特定的咖啡豆是來

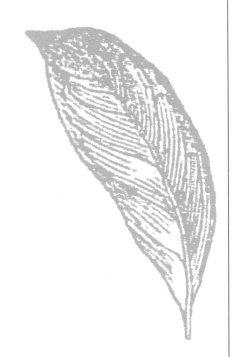

自哪一塊農園相當困難，因此也就更難查證種植方式是否為有機。設法拿到認證的農人為了省錢，通常只會為其中一塊農地取得有機認證，接著把這個認證用在所有農產品的販售上。有時，他們甚至會購買鄰居的作物，拿來重新販售，以獲得更高的有機農產品售價。

要找到經過正確照料、只販售自家有機農產品的有機農場並不容易。必須看到可追溯的產銷履歷（traceability）、確定其真實性，才能相信那真的是「有機」。許多美國人誤以為美國海關和食品藥物管理局（FDA）會查驗進口食品是否為有機食品，但其實他們並不會在食品進口時進行試驗。

更糟的是，生產有機認證咖啡所需的高額成本，常常迫使咖啡農在其他方面節省支出。有機生產方式並不會讓咖啡變得好喝。事實上，由於咖啡農將有限的預算花在昂貴的認證上，而不是用來增進咖啡的品質，因此往往會造成反效果。

確保購買的是環境友善咖啡豆的最好方式，就是購買產自使用安全、永續農法的特定農園的咖啡豆，並且是可追溯的。這也是「直接貿易」可以幫到生產者和烘豆師的方式之一。有可追溯性，就有當責性。可追溯性也能讓咖啡農建立與保護名聲，為他們帶來驕傲。如果你希望自己的咖啡消費行為符合道德，那麼就向在乎安全永續農業的供應商與咖啡農購買百分之百的直接貿易咖啡。

負責任的咖啡採購行為

　　每支咖啡都該擁有一個故事。如果你看到架上銷售的咖啡豆只標出產地，就不會知道這支豆子的採購來源為何，可以直接選擇不要買它。請向能夠告訴你採購來源是哪座農場或合作社的供應商購買咖啡豆，並留意採購條件及咖啡農的專業倫理，例如「這支咖啡豆產自肯亞基安布郡（Kiambu County）魯依魯區（Ruiru Constituency）的梅嘉托洛莊園（Megatoro Estate），透過直接貿易採購。該莊園提供勞工職業訓練、健康中心及為員工孩子設立的莊園附設學校」這類文字。如果有附上照片或其他詳細資訊，也會有幫助。

　　在某些國家，大部分勞動力都是來自無法得到人道工作條件的勞工：不符標準的薪資、無法獲取健康照護，孩子也沒有足夠的教育機會。這類剝削的情事大部分都發生在供應全球最大咖啡零售商的工廠化經營農園。選擇向較小規模、不會剝削成員的農場或合作社採購咖啡豆，往往就能保證種植者和勞工擁有更好的工作條件。

　　環境友善與否，也是需要納入考量的重要條件。咖啡的生產方式應該要對環境衝擊小，並且能永續發展。

以下是需要留意的主要道德問題：

　　採購方法：透過直接貿易、契作（Contract-Grown）及公平貿易購買，或是向由成員持有並共同經營的合作社購買咖啡豆，通常能保證其種植者和勞工確實獲得更公平的對待。

　　生產方法：人工採收、蔭下栽種或讓農地與保護區土地交錯分布，或是雨林聯盟、安全永續農業（Safe & Sustainable Agriculture）、好咖啡認證食品（UTZ-Certified Good）都是表示重視環境的認證機制。「有機」這個認證在咖啡業界常會誤導消費者，並不可靠。

　　可追溯產銷履歷：區塊鏈的資料追蹤技術及科技，例如無線射頻辨識系統（Radio Frequency ID Tags），越來越常應用在查證食品生產者、生產方法及生產者責任。如果無法取得這類資料，請確保你信任的咖啡供應商能提供可靠的資料。

　　咖啡是全世界交易量第二大的商品，請將這點一直放在心上。如果咖啡豆採購行為能合乎道德，就有能讓這世界變得更好的巨大潛力。你的行動絕對是重要的！

上圖：在哥倫比亞，三名男子正在運送咖啡。

對頁：哥倫比亞咖啡

準備進行杯測的咖啡樣本

單一品種及單一產區咖啡與綜合配方豆

單一產區咖啡有無窮的樂趣,讓你能體驗獨特的風土
(terrior)和風味口感。但是,如前面提到的,不同品種的
咖啡會刺激不同的味覺反應區,就像單獨一種樂器無法演奏
出交響曲,單一咖啡豆也不可能帶來所有風味。將兩支或以
上的咖啡品種混合在一起,就能演奏出一支完整的風味交響
曲。

品種是物種之下的分支。貓和狗是不同的物種，但同樣都是哺乳動物。貴賓犬和大丹（Great Dane）都是同一物種（犬），但兩者的基因組成十分不同。阿拉比卡與羅布斯塔是不同的物種，但兩者都是咖啡。在阿拉比卡物種之下，還有許多亞種或品種，例如波旁、帝比卡、卡圖艾（Catuai）等等。它們在豆子的外型、植物本體與葉片結構上，都擁有阿拉比卡咖啡的主要特徵，但彼此之間有著重大的變異，例如果實顏色或風味。單獨一座農園可能只種植阿拉比卡咖啡，但他們通常不會只種植單一個品種。

　　蘋果派是一個解釋食物混合搭配的好例子。到果園採蘋果時，很有可能會看到農夫種植一個以上的蘋果品種。一個風味平衡的美味蘋果派，可能會用上科特蘭蘋果（Cortland）、旭蘋果（Mclntosh）和翠玉蘋果（Granny Smith）。每一種蘋果都會帶來不同的風味與口感。調配咖啡豆時，也可以依照同樣的邏輯，用一種帶果香的咖啡、一種甜感強的咖啡及一種焙度較深的咖啡，混合出風味的廣度及平衡。

　　全世界銷售度最佳的咖啡品牌都是混合了至少三種產區及品種的配方豆。這些公司選擇多種產區的豆子，試圖平衡不同的物種和品種，創造出最棒的整體風味。請記得我們的味覺是怎麼運作的。如果咖啡中沒有使用超過一種基豆，就無法帶來最大的滿足感。比起只使用單一產區或品種的豆子，調配多元物種和品種的豆子可能會讓你更成功。你可以多方嘗試，直到學會如何將特定的風味與口感調配平衡，讓你自己、朋友和顧客都開心。

正在烘焙咖啡的大型
商用烘豆機

Part 2
烘豆步驟與設備
THE ROASTING PROCESS AND EQUIPMENT

商用烘豆機的溫度計

Chapter 3
烘豆設備

加熱咖啡豆

以最簡單的定義而言,烘豆就是指將生豆加熱,讓豆子轉換成我們熟悉的可沖煮型態。烘豆最基本的目標,就是轉換豆子裡數百種化合物,創造出我們想要的咖啡風味。烘焙的最終產品有多種用途,例如做成即溶咖啡、咖啡萃取物或義式濃縮咖啡,因此沖煮方法(器材與步驟的選擇)會依據你想要的結果而有多種變化。

烘豆量也會影響你選擇的烘焙方法。如果烘豆師一次只要烘大約 1/4 磅的豆量作為個人使用,基本上就有無限的選擇。但是,如果目標是一天烘 3 噸咖啡豆給大型包裝公司等客戶使用,選項就沒那麼多了,烘豆師也必須謹慎選擇適合的設備與烘法。

可以說,烘豆量在某種程度上,決定了你擁有多少選擇。如果主要是烘給自己喝,就沒有量的問題,因此能依照價格、尺寸、方便性、通風設備及鍋次的烘焙時間來選擇烘焙法。但如果想和親朋好友分享烘豆與配方調製的成果,就得略過每 20 分鐘只能烘大約 1/4 磅的方法,考慮使用至少 1 小時就能烘出幾磅的烘焙方法了。又如果,各位想開一間咖啡館,就必須考慮一次至少能烘

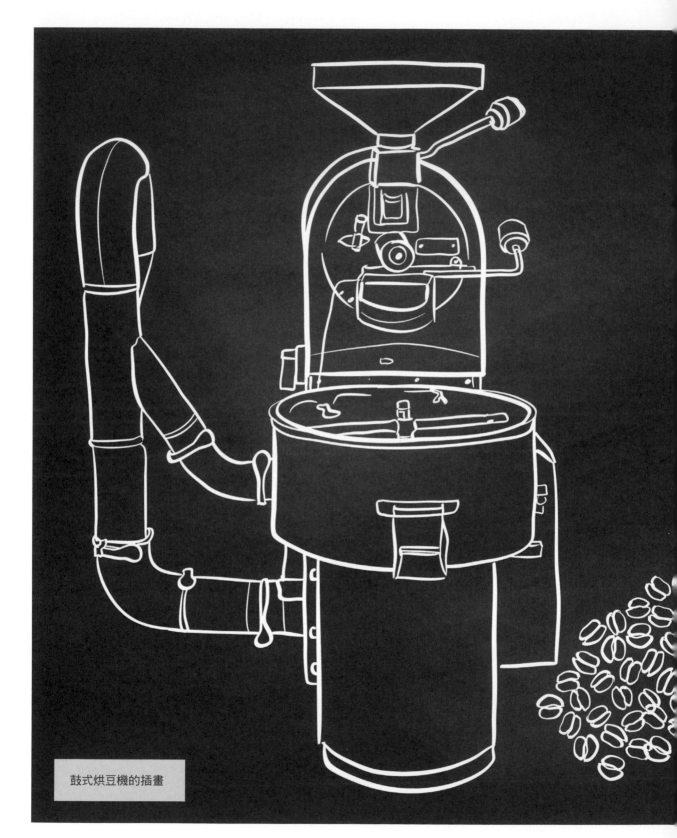

鼓式烘豆機的插畫

3~5磅豆子的烘豆機。加熱方法和烘焙速度會大大影響最終成品。一旦選擇好適合的設備，就需要開始比較不同的加熱方式。為了達成好的結果，烘豆設備必須符合正確烘焙加熱曲線的基本參數。某些烘豆機是以對流熱風加熱，有的主要是輻射熱，有的則是結合了兩者。總的來說，最重要的關鍵很簡單：以符合需求的烘豆量創造出我們想要的味道。這些目標最終會影響我們的烘焙選擇。

商業／大量烘豆設備

　　商用烘豆機使用兩種基本的烘焙方式。在第一種方式中，咖啡豆會在滾筒中轉動，直接受熱源的輻射熱和熱氣流所加熱。第二種方式則是讓咖啡豆飄浮在旋轉的氣流或渦流中。以咖啡豆在氣流飄浮的方式，幾乎只靠加熱至高溫的熱氣流烘豆。家裡的烤箱就是一個可以拿來比較的好例子，它能使用輻射熱和熱氣流來烹調。當你烘烤（broil）食物時，會將食物放在靠近上方加熱器的地方，幾乎全程是以熱源直接加熱來烹煮——這就是輻射熱的運作機制。當你在焙烤（bake）時，會將食物放在烤箱中間的位置，由於是以較遠的熱源加熱，就要靠對流氣流來烹煮——這就是對流熱的運作機制。

鼓式烘豆機

　　鼓式烘豆機的尺寸沒有任何限制。烘豆機的烘豆缸（drum）可以跟一罐咖啡一樣小，也能像木桶一樣大，甚至連水泥攪拌機的尺寸都有。鼓式烘豆機會讓咖啡豆滾動，通常每分鐘30~60轉，確保咖啡豆受熱均勻。有些外型看起來就像旋轉烤肉架，使用的也是同樣的原理。這種烘豆方式大

專業烘豆機

商用鼓式烘豆機

球式離心力烘豆機
（Centrifugal Roaster）

浮風床式烘豆機
（Fluid-Bed Roaster，
熱風式烘豆機）

致上是同時以輻射熱（通常稱作「傳導熱」）和對流熱來加熱。操作者可以在烘豆過程中，調整氣流或加熱設定，以平衡輻射熱和對流熱。熱源可能來自機器後方的石英纖維或烘豆室底部的瓦斯火焰。

　　北美洲的小型烘豆廠，或咖啡館使用的烘豆機，通常每小時可以烘出 10~30 磅咖啡豆。Oro 品牌 10 磅烘豆機的底部有瓦斯火嘴、滾筒及可調整的風流。當氣流量大時，烘豆機主要使用的是對流熱；當氣流量低時，熱量主要是來自瓦斯火焰的輻射熱。商用鼓式烘豆機每小時能烘焙幾千磅咖啡，但操作方式基本上和小型烘豆機一樣，只是規模不同。

浮風床式和填充床式烘豆機

　　另一個不使用滾筒而使豆子翻動的方法，是讓氣流通過有孔洞的浮風床或鐵網。當氣流夠強，咖啡豆就會懸浮在空中，彼此相撞，也會撞擊浮風床和烘豆室壁面。

　　填充床式（packed-bed）烘豆機被認為是過時的烘豆機，因為這個機種無法均勻傳導熱量。但是，目前仍然可以看到這個機種列在烘豆機的選擇中。

　　浮風床式烘豆機的烘豆室擁有網格狀或附濾網的風床，讓氣流得以通過。「浮風床」一名的由來，是因為這個機種沒有固定基底。在其他食品的後製處理中，通常都會利用液體將粒狀物分開，但在烘焙咖啡時使用的是氣流。浮風床式烘豆機有許多類型，最流行的是一種高高的錐形圓筒，往底部逐漸變尖。氣流通常會有方向性，讓咖啡豆繞圓打轉。其他類型則只是讓氣流像爆米花機一樣向上吹，而操作者能控制咖啡豆懸浮的高度。

商用鼓式烘豆機

浮風床式烘豆機的問題：

1. 如果生豆大小沒有經過仔細分級，較小豆子懸浮的高度和烘焙程度會不一樣。

2. 咖啡豆變得越乾，就會飄得更高，使對流熱傳導降低，因此必須時時進行調整。

渦流烘豆機

渦流烘豆機（Vortex-style air roaster）的旋轉動作就像龍捲風，使咖啡豆的懸浮高度和位置分布均勻，減少某些懸浮高度的問題。這種烘豆機的氣流一直都是同一個方向。

球式離心力烘豆機

球式離心力烘豆機實質上就是使用空氣對流的浮風床式烘豆機，但這個機種在風床上增加了旋轉器，製造和渦流風箱一樣的效果。這種烘豆機通常都是可以每小時烘焙幾千磅咖啡的大型機器，且完全使用對流加熱方式。

切線式烘豆機

切線式烘豆機（Tangential roaster）的獨特之處在於使用熱風加熱咖啡豆，同時以攪棍或葉片翻動豆子。這種方式使用了輻射熱及對流熱作為熱傳導，也在烘焙過程中結合了放熱（exothermic）作用，由於沒有極端的對流氣流，因此豆子自身會釋放熱量。

少量／家用烘豆機

許多商用烘豆機的原理也能應用在小型家用烘豆機上。

小型鼓式烘豆機

許多品牌都有推出可以放在廚房流理臺或戶外使用的小型鼓式烘豆機（small-drum roaster），包括可用於明火與烤肉架的機種。我們可以在網路上找到各種影片，介紹自己發明、拼湊的創意鼓式烘豆機與旋轉烤籠。這些機器能烘焙0.5~20磅的量。烘豆缸實際上可能只是打洞的罐子或是不鏽鋼網籠。

鼓式烘豆機通常比單純使用熱對流的機器昂貴，因此大部分人在第一次購買家用烘豆機時，會選擇熱對流烘豆機或熱盤攪拌器（例如 Whirley 牌爆米花烘豆機）。但是，小型鼓式烘豆機通常烘焙較為均勻，烘焙過程也有較多控制。

彼摩1600（Behmor 1600）是相當受歡迎的家用烘豆機之一，機器後方配有石英加熱零件、滾筒，以及將氣流導進烘豆室的風扇。

優點：這種要價大約400美元的機器可以完全以程式控制，並且能在平均20分鐘一鍋次的時間內烘出多達1磅淺至中焙的豆子（若是較深的焙度則是1/2~3/4磅）。這個機種通常具備某些減少煙塵產生的設計，因此可以在開著的窗戶旁邊、通風良好的室內空間或後門廊使用。烘焙結果通常都能再現，只要使用設定好的程式即可。

缺點：冷卻所需的時間很長，且在機器完全冷卻之前，難以將咖啡豆從烘豆缸內取出。

家用烘豆機

彼摩（Behmor）
家用鼓式烘豆機

Whirley 品牌
爆米花烘豆機

使用平底鍋
在明火上烘烤

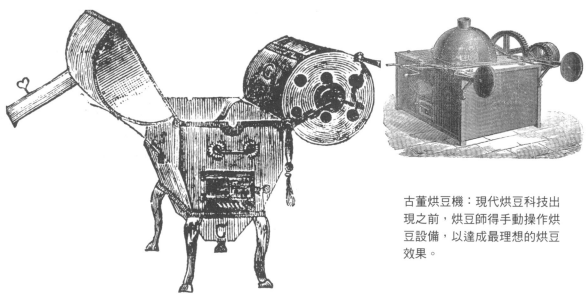

古董烘豆機：現代烘豆科技出現之前，烘豆師得手動操作烘豆設備，以達成最理想的烘豆效果。

直火式咖啡烤爐

這種鼓式烘豆機基本的操作方式，很像旋轉烤肉架。機器通常會安裝在以丙烷為燃料的普通烤肉爐上，由外部發電機所驅動。烤爐以火焰作為熱源，而發電機會讓咖啡豆持續旋轉翻動，通常每分鐘 60 轉。

優點：以能夠大量烘焙的設備而言（通常一次能烘 3~20 磅），這個機種價格非常實惠。烘焙過程中，會有大量的環境空氣洩流，不過，要平衡熱源帶來的熱量與因空氣對流而損失的熱量，是很容易的事。可以調整上蓋開闔的程度，以調節對流與排煙量。

缺點：這個機種在烘焙過程需要大量的新鮮空氣進入，也會排出大量的煙，因此必須在室外使用。此外，滾筒籠也很難均勻受熱。在大量烘焙時，烤籠兩端經常會出現產生高達 20 度以上溫差的情形。如果想要達成特定的烘焙成果，這就會是很嚴重的問題。由於無法再現烘焙成果，烘焙紀錄便毫無用武之地。使用這個機種時，聆聽烘焙過程產生的聲音與觀察豆子的外觀，是評估烘焙成果的主要方式。

營火烘豆機

營火烘豆機（Campfire roaster）通常附有電動驅動器或手搖握把的烤籠，並粗獷地放置在石頭或磚頭上不斷轉動，直到烘焙完成。

優點：高烘豆量的花費十分低廉。如果你喜歡帶煙燻、火烤味的風味口感，這種烘法能產生令人驚豔的風味。

缺點：非常有可能會讓自己或豆子燒傷。唯一能控制溫度和烘焙過程的方法是專心觀察、聆聽爆裂的聲音。此外，

烘焙完成後，必須自行把熱燙的豆子轉移到冷卻的設備或區域。對大部分人而言，這可不是什麼安全的烘豆法！

爆米花機式烘豆機

　　許多初學者會使用真正的熱風爆米花機烘焙咖啡豆。這些機器通常並不昂貴，但缺乏防止過熱的保護機制，也會讓煙塵與銀皮噴得到處都是。我不建議購買沒有特別設計成能烘焙咖啡豆的爆米花機。

　　許多熱風烘豆設備，都是以類似爆米花機的基本原理設計。此機種將容量加大，也增加了保護機制，而其中一部分則更是加上了專門用於烘焙咖啡的功能，例如銀皮收集器。由基本爆米花機改良的機器價格從 70 美元左右起跳，一直到 1,000 美元的定價都有。

　　改良過的爆米花機，例如 1500-Watt West Bend Poppery，就有更好的氣流角度，比一般的爆米花機具備了更大的底床與加熱器，也常常被用來烘焙咖啡。

　　Fresh Roast 品牌的 SR800 烘豆機是專業等級的機器，專門為了烘焙咖啡而設計。這個機種使用與爆米花機類似的熱風加熱法，一次可烘焙 1/4 磅生豆，擁有數種加熱設定，以及風扇冷卻功能和銀皮收集籃。

　　優點：改良爆米花機式烘豆機的操作簡單，也具備了基本的烘豆功能。有些機型提供了彈性不小的溫度控制，讓你可以透過調整溫度來改變烘焙時間。

　　缺點：不錯的爆米花式烘豆機價格，可能只要小型鼓式烘豆機的一半，但功能遠不及鼓式烘豆機，也無法再現烘焙成果。如果你會考慮花超過 100 美元，建議不如將預算提高，購買擁有更多控制選項和更大容量的烘豆機。

爆米花烘豆機

鍋炒咖啡豆

用平底鍋炒咖啡豆是最古老的烘豆法，至少從十五世紀開始就有人這麼做。直到 1910 年，開始出現商業包裝的咖啡豆時，大部分美國人都是在家用平底鍋烘烤咖啡豆。他們要不就是在瓦斯爐上攪拌裝在鍋子裡的咖啡豆，要不就是把咖啡豆放在平底鍋裡，再放進烤箱烘烤。當時的製造商想出了很聰明的辦法來處理這個問題：他們創造了附有手搖握柄的鑄鐵鍋，甚至還配備了皮帶，可以連接到留聲機或發電機上面！用這種方式烘焙的咖啡豆，品質通常都比較差，因為很難有發展適當出烘焙曲線的一致熱能，也很難讓咖啡豆均勻翻動、確保兩面受熱一致。

Whirley 品牌爆米花烘豆機自 1990 年代出現，當時已是現代改良版的附手搖握柄鑄鐵鍋。但是，儘管它是傳統平底鍋炒咖啡豆的改良設備，還是需要烘焙者耗費極高的注意力，才能取得穩定均勻的烘焙結果。

優點： 鍋炒咖啡豆非常便宜、簡單，也相對比較安全，因為烘好的咖啡豆能輕易倒進篩網裡，或鋪平在風扇前冷卻。你也能加入香料或奶油，讓味道變得更有趣。一次烘焙的豆量能超過 1/4 磅，不過這要看各位想花多少力氣在攪動豆子，以及願意花多少時間等待烘焙完成。

缺點： 很難取得完全均勻的烘焙成果。熱能和攪動次數的變因讓烘焙成果無法再現。這種烘豆法同樣需要通風良好的場所，可以在戶外，或是在專業廚房用的抽油煙機下使用。

印尼，放在明火上翻炒
的咖啡豆。

機械化鍋炒烘豆機

機械化鍋炒烘豆機（Mechanized pan roaster）基本上就是擁有自己的熱源，以及馬達驅動的攪拌器。一臺可靠的鍋炒烘豆機要價大約從 120 美元起跳，與手搖機器相比，也能烘出頗為均勻的結果。

優點：無需依靠人工翻攪咖啡豆，並提供加熱設定選項，能創造頗為均勻的烘焙成果。

缺點：要把咖啡豆拿出烘豆盤並不容易，與熱風和鼓式烘豆機相比，咖啡豆的表現也並沒有比較好。想要取得更好的烘焙成果有相當的難度。

機械化鍋炒烘豆機

建議

大部分烘豆初學者，很快就會因為人工翻攪和轉動而感到疲累，也會因為不均勻的烘焙成果而感到氣餒。各位應該不太可能會想和別人分享烘得不好或不均勻的豆子，也無法出售這種豆子。買家和消費者期待新鮮的自家烘焙咖啡豆能有穩定一致的好品質。如果你的咖啡豆烘得不均勻，或是產生了常見於人工轉動咖啡豆而造成的瑕疵，那麼咖啡就不太可能會好喝，也不太可能賣得好。

儘管一開始可能想玩玩看 Whirley 爆米花烘豆機或爆米花機，但是如果想要有所進步，最終還是會需要購買更為昂貴、提供烘焙一致性與更大容量的機器。

選擇可以烘焙 3/4 磅咖啡豆（深焙）的小型烘豆機時，我會推薦彼摩 1600。彼摩 1600 是受到認可的小型鼓式烘豆機。我會用彼摩 1600 來研究與發展我的烘焙法，發現彼摩烘豆機的烘焙成果能轉換到大型鼓式烘豆機上，規模也能放

大。如果 400 美元對初學者而言成本太高，可以考慮 Fresh Roast 品牌的 SR800（260 美元以下），這個機型可以烘焙 1/2 磅豆子，也因為咖啡豆的烘焙重量與溫度設定都一致，再加上配備了計時器，便能在一定程度上再現烘焙成果。

商業咖啡烘焙的監控設備

如果你是自己在家使用小型設備烘豆，你的控制與監控選擇就十分有限。但是，如果能了解這個設備的目的，就能指引你對烘焙過程有更多的了解。接下來的段落，將聚焦在兩種最常見的烘豆法：鼓式與浮風床。請記得，浮風床式烘豆機並不使用液體，而是氣流。

許多烘焙機器都配備測量裝置，顯示瓦斯火焰或電子加熱元件的相對強度，像是在烤爐上顯示「低－中－高」的儀表盤，或是數字化的刻盤。直覺上，這比顯示火焰或加熱元件的溫度數字還來得有用。知道實際溫度數字也許聽起來很棒，但實際上卻是靠不住的。有太多因素會影響到達咖啡豆的熱量多寡。只有測量烘豆室的溫度才能讓你得到這個重要資訊。

溫度計／豆溫探針

準確、快速的溫度量測對商業烘焙來說非常重要。他們通常都會使用豆溫探針監控溫度。

探針放置的位置會改變量測到的溫度讀數。不同機器的熱能分布（heat distribution）也不盡相同，溫度讀數則會根據每種機器的設計而產生誤差。因此，儘管兩臺烘豆機的烘焙程度相同，某臺機器可能顯示的是 227°C，另一臺顯示可能卻是 229°C。同理，不同探針可能會在相同烘豆機上量測到

些微不同的結果。幸好，這種誤差值通常都很一致，因此，如果你使用了不同探針，只要調校成同樣的數值即可。

電阻式（Resistance）溫度探針非常準確和耐用，由不鏽鋼護套所保護，但價格也頗高。熱電偶（thermocouple）則稍微沒那麼精準，也比較脆弱，但比較便宜。當探針安裝在比較容易損害探針的位置時（例如鼓式烘豆機的烘豆缸內部），就要使用電阻式溫度探針，這是很重要的。量測環境氣溫就沒那麼困難，因此如果預算有限，使用熱電偶就足夠了。

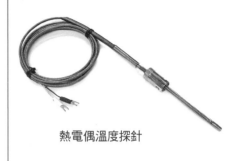

熱電偶溫度探針

鼓式烘豆機的溫度監控

在鼓式烘豆機內部，基本上需要量測兩種溫度：一個是從豆堆中心量測豆溫，一個是不碰觸咖啡豆、從空氣中量測烘豆缸內部的環境溫度。豆堆溫度能讓我們描繪烘焙曲線，也能讓我們知道烘焙什麼時候完成。環境氣溫則能監控多少熱能透過對流傳導到咖啡豆。

製造商和使用者對不同廠牌、機種放在烘豆機裡的探針究竟有多精準爭執不休。從某一臺機器測得溫度值後，在另一臺機器上就得降低 3℃ 以上，這種事一點也不稀奇。舉例來說，如果你在一臺機器上以 226℃ 的豆溫獲得特定的上色和味道，在另一臺使用不同探針類型或量測位置的機器上，得到的結果有可能是 229℃。

通常，使用兩支探針就足以取得烘焙曲線，因為你能監控豆溫的提升過程，也能將環境氣溫調整到想要的數值。

鼓式烘豆機比較可能配備電阻式溫度探針來測量豆溫。環境溫度感應器可能也是同樣的探針或電熱偶溫度計。兩端的金屬受到加熱產生電流時所發生的電子變化，便會讓電熱偶量測到數值。此外，電熱偶很容易受到損壞，因此通常並不會用來放在豆堆裡。

阿拉比卡咖啡
從烘豆機中倒
入冷卻槽

浮風床式烘豆機的溫度監控

由於浮風床式烘豆機內的豆子是「懸浮」在空中，因此很難像鼓式烘豆機一樣，放置探針來測量豆堆溫度。只有空氣的溫度才能確實測量。要精準測量，必須使用兩個或兩個以上的探針，並放置在氣流中不同的位置。

要經過有效探針之間的大量計算，才能推斷出正確的豆溫。因此，相較於鼓式烘豆機，典型浮風床式烘豆機的溫度控制就沒有那麼精確。為了彌補這個缺陷，烘豆機的操作者需要靠時機和程式來創造相似的烘焙時間和曲線。詳細的烘豆紀錄便必不可少。只要取得了想要的烘焙結果，下一次烘焙就只需要複製熱源溫度（source temperature）、豆子重量及氣流即可。同時，你可以針對豆子的質量、外部環境室溫和其他變因出現的差異同時進行調整。

小型家用烘豆機的內部溫度監控

許多小型家用烘豆機並不會顯示豆溫，或烘豆室內部的氣溫。機器本身內建的溫度測量機制也十分有限：小型鼓式烘豆機會有氣溫感應器，協助機器將氣溫維持在一定數值，自動調整加熱元件。某些爆米花機式烘豆機，裝配有自動安全斷電裝置，過熱時會啟動。有些擅長自己動手改裝機器的人會想辦法在烘豆機內加裝探針，但這樣還是會受到小型烘豆機本身在基本溫度控制上的限制。

做紀錄

真正專業的烘豆法，仰賴紀錄烘焙結果來建立可以不斷複製的烘焙模型。做紀錄可以簡單到在筆記本作註，也可以複雜到以電腦建立完整的操作紀錄。不同的烘豆者在分享彼此的紀錄時，可能會在類似的機器上獲得類似的結果。貯存下來的烘焙紀錄，能為烘豆者提供烘焙的出發點。在比對紀錄與烘焙結果之後，烘豆者就能做出有根據的調整。

對小型烘豆機的操作者來說，做紀錄可能只是在表格中記下特定的參數：

以下表格中的簡單數據，就足以確保每次都能產生一致的成果。有時，針對環境變因出現的差異，會需要做出調整。舉例來說，在冷天氣裡烘豆時，烘豆師可能需要提高5%的火力，確保咖啡豆在理想的時間內達到理想的溫度。

操作紀錄範例

豆種	重量	時間	回溫溫度 （turn-around time）	回溫時間 （turn-around time）
珍彼特	10 磅	12 分鐘	77℃	1 分鐘
波旁	10 磅	14 分鐘	74℃	1.1 分鐘

（接續下頁）

咖啡濃度計

　　在咖啡烘焙與沖煮的世界中，咖啡濃度計（Coffee refractometer）是一種相對新穎的儀器。這種儀器能測量沖煮好的咖啡中的總固體（total solids）。咖啡濃度計能測量密度和孔隙率（porosity）——固體越多，代表口感越醇厚。烘豆師如果在測量後發現烘焙成果不如預期，可能會改變烘焙模型或程式，來調整密度的高低。使用咖啡濃度計時，一定要用完全相同的咖啡沖煮方式，才能比較測量結果（例如，使用 20 公克的咖啡粉，磨豆機設定在適合滴濾〔Fine Drip〕的研磨刻度，沖煮器材使用 340 公克的濾壓壺，沖煮時間設定 3 分鐘，水溫 95℃）。大多數在家自己烘豆的人只靠風味來判斷，因為咖啡濃度計十分昂貴，測量的目標也太過細微，不是烘豆者所能控制。

咖啡濃度計

一爆溫度／差距	發展時間	發展氣溫	發展風流	二爆	起鍋溫度
197℃／27℃	2.7 分鐘	235℃	7	228℃	235℃
200℃／21℃	4 分鐘	229℃	7	227℃	228℃

Vortx 品牌的氣旋式過濾器

後燃機

後燃機／排煙控制

烘豆時，會排放出氣體與煙霧。如果要在家或公司附近烘豆，也有一定的烘豆量時，就要使用制煙系統與其他機制，以降低空氣汙染。有些烘豆機配備了觸媒轉化器，用氧化還原的方式氧化及吸收粒子與氣體。後燃機則是將烘豆機的排氣加熱至過熱，使大多數粒子碳化，分解煙霧。

也有某些制煙系統利用電離（ionization）與濾網捕捉離子化的粒子。這種機制比後燃機便宜，減少的排煙量也能滿足大多數空汙規範。小型烘豆機有時配備了離化器或其他小型的制煙系統，以減少排煙，但通常只能達到部分效果。

如果你想在室內烘豆，就該尋找具備制煙機制的設備，即使如此，還是需要在通風良好的地方使用。如果你家廚房有高品質的抽油煙機，那就用它吧。沒有的話，那就把機器擺在打開的窗戶旁邊，並使用小型電風扇將煙氣吹出窗外。

水蒸氣包圍著剛烘好的豆子，在裝袋或研磨前倒入冷卻槽中。

尚未烘焙的咖啡
生豆

Chapter 4
烘豆前置作業

健康強壯的生豆

　　咖啡生豆是一種天然食品。如同所有的天然食品，它們需要接受乾淨及健康狀態的檢查。如果你買了品質很好的咖啡豆，大部分的檢查與挑選，都會在你購買之前就完成了，但我總是會自行檢查生豆，而我也推薦你這麼做。這是個良好的習慣，就算是最高品質的生豆，我依舊時不時會在豆堆中發現逃過檢查的小石頭或其他雜物。

　　生豆的顏色從帶黃的奶油色、不同色階的灰綠色到深褐色都有。有時可能會有一層帶紅或帶黃的乾燥果肉覆蓋在豆子上。有時可能看不到任何銀皮（一層薄薄的紙狀覆蓋層）殘留頭，有時則可能會看到很多殘留的銀皮（特別是在咖啡豆的皺褶處）。生豆的外觀可能會有很多變異，而這並不代表咖啡的品質不好，因為某些類型的咖啡豆外觀本來就不太一致。舉例來說，有些伊克賽爾撒日晒豆的顏色帶紅，有些則是帶綠（這是很正常的現象，我喜歡稱之為「聖誕樹豆」）。

　　和其他種豆子相比，日晒豆和高海拔豆通常會呈現出較深的綠色。這代表

了特定的咖啡豆密度，通常也表示葉綠素含量較高，使咖啡的風味更加強烈。但是，咖啡生豆的顏色通常並不是評估品質的可靠因素。

一支後製處理良好的阿拉比卡咖啡，通常很乾淨且強壯，只有少數破裂豆或變色豆混在其中，也沒有太多銀皮或果肉殘留。只有在特殊狀況才會有例外發生，例如稀有品種（可能會有銀皮緊緊卡在皺褶裡）或蜜處理豆（通常果肉會在咖啡豆上留下色斑）。

瑕疵豆

由於咖啡豆是天然食物製品，因此一定會有少部分瑕疵。大部分的「瑕疵豆」其實都還是很健康，特別是在只出現極少量瑕疵豆的品項中。精品級（Specialty Grade 1）咖啡所代表的是每 350 公克的豆子中，只有少於 3 顆的全瑕疵豆（full defect）。一般而言，挑除瑕疵豆是為了改善風味，而非因為這些豆子不健康或具有危險性。

下列是可能會在咖啡豆中找到的瑕疵。你可以自行決定挑選的標準要多嚴格。

破裂豆：如果咖啡豆沒有發黴或受到腐蝕，破裂豆——或稱為「耳朵」（ear，指豆子的中心部位與外層脫離）——除了不美觀之外，並沒有其他問題。

未熟豆（quaker）：顏色很淺，且不會因烘焙變深的，就稱為未熟豆。這些通常是未成熟或發育不全的豆子。一般來說，也只有不美觀的問題。如果咖啡裡有很多未熟豆，你可以挑出一把來沖煮，看看是什麼味道。這樣你就知道未熟豆對咖啡風味會產生多大的影響。我們很難在烘豆之前辨識出未熟豆，因此通常都是在烘焙後挑除未熟豆。

瑕疵豆

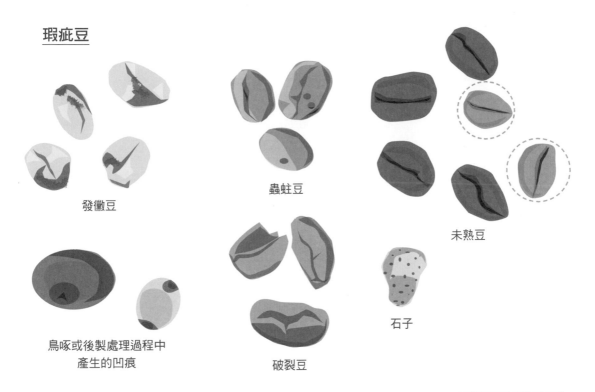

發黴豆

蟲蛀豆

未熟豆

鳥啄或後製處理過程中
產生的凹痕

破裂豆

石子

阿拉比卡咖啡豆

銀皮

蟲蛀豆：常見的咖啡甲蟲喜歡鑽入成熟果實中的咖啡豆。這些甲蟲隨處可見，因此每批豆子裡都能找到幾顆有蟲蛀孔洞的咖啡豆。有時甲蟲鑽出的通道會將異物困在裡面，也會導致綠黴產生。儘管這種黴菌可能並不具有傷害性，但最好還是將任何有孔洞的咖啡豆挑除。

凹痕：許多鳥類會啄食咖啡果實。鳥喙的尖端會在咖啡豆上留下圓形的痕跡。這些痕跡通常不會對咖啡品質造成影響，在後製處理過程中被碰撞留下痕跡的咖啡豆，也會產生類似的凹痕。

發黴豆：不論你曾聽過什麼樣令人擔憂的主張，嚴重發黴的豆子在經過正確乾燥及貯藏的咖啡豆中（通常標準是咖啡豆含水量要低於 12%）其實並不常見。大部分的試驗都顯示出咖啡豆的發黴現象比番茄、草莓和其他食物少。即使如此，還是最好把可能發黴的豆子全數挑除。這包括前述的蟲蛀豆，也包含了任何裂口邊緣變色的破裂豆。

在罕見的案例中，不正確地貯存在潮溼環境中的咖啡豆可能會在表層長出非常明顯的黴菌，摸起來粉粉的，顏色泛白。這個狀況用肉眼明顯可見，並帶有黴味與令人不愉快的強烈臭味。這種現象不會僅在單一一顆咖啡豆上出現，一旦發現，就會是整批豆子都發生這個問題，必須全部丟棄。不要使用發黴的豆子，但除了一個特殊的例外：就像起司一樣，有些咖啡豆會刻意經過陳放，控制特定的發黴或發酵過程。這種豆子被稱為「季風風漬」咖啡豆。在使用帆船運送咖啡豆的時代中，船艙裡的咖啡豆會在大海旅行好幾個月，因此咖啡豆在抵達港口之前，基本上都已經「風漬」了。在現代，風漬是刻意的人為程序，而非意外。如果咖啡豆經過風漬處理，會特地標註出來。

帶銀皮豆（chaffy beans）：人們常常會擔心銀皮，害怕帶銀皮的豆子是否發黴或不健康。但是，銀皮是咖啡的一部分。乾處理的豆子上能看到很多銀皮，而溼處理的豆子則幾乎沒有銀皮，因為已經在處理過程中被洗去了。以健康或風味的角度而言，銀皮不會造成問題。但銀皮是易燃物質。如果你的咖啡豆上有很多銀皮，可以把咖啡豆放到大孔篩網或濾盆中搖動，在烘豆前去除大部分銀皮，避免豆子在烘焙過程中起火。

檢查剛烘好的咖啡豆中是否有瑕疵豆

瑕疵豆

從熟豆中分出優質豆
與瑕疵豆

某美國品牌

某世界最暢銷品牌

某知名甜甜圈品牌

手挑豆

刚烘好的咖啡豆在
冷却槽中冷却

商業咖啡中的瑕疵豆

我很少看到咖啡館或小型烘豆廠會在烘豆前檢查生豆。他們通常只會在烘完豆子之後，粗略地檢查一下，去除明顯的瑕疵豆。但我很鼓勵烘豆師採用「在烘豆前檢查生豆」的標準。

第 90~91 頁的插圖是令人不安的範例，顯示出在烘豆前挑豆有多重要。這些豆子的樣本是我從某間超市買來的，其中兩支是某美國最大咖啡公司的產品；第三支來自世界最大的咖啡零售商兼批發商；第四支則是經過人工挑選的豆子。

第一組圖為美國品牌的咖啡豆，是該品牌銷量最好的配方豆。可以注意到，其中有 20% 的瑕疵豆，表示這支豆子在咖啡品質的分級標準中，連交易級都算不上。第二組圖的咖啡來自世界銷量最大的品牌，同樣也令人十分不安，可以從中看到超過 15% 的瑕疵豆，而這是該品牌最貴的義式濃縮咖啡所使用的產品。第三組圖來自某知名美國甜甜圈零售商，注意其中並沒有太多瑕疵豆，是經過適當挑豆的乾淨咖啡。而第四組圖則顯示出，人工挑選是能保證咖啡不含瑕疵豆的最佳方法。

美國精品咖啡協會的生豆分級

美國精品咖啡協會的生豆分級法為歸類一批特定生豆提供了基本的指引，讓買家能事先預期買來的生豆中可能含有多少瑕疵豆，以及後製處理好的豆子有多「乾淨」。

一支咖啡的分級會拿妥善去殼的 300 公克咖啡豆進行檢查。某些二手資料列出了特定區域可能會有的特定缺陷，但其他區域可能不會產生。這些接受檢查的咖啡也會經過烘焙，並接受杯測、評估風味特色。

精品級（1）：300 公克的咖啡豆裡，全瑕疵豆不能超過 5 顆，其中不能有任何第一級瑕疵豆。生豆大小與篩網網眼的差異最多不能超過 5%。至少要擁有一個獨特的特色，可能是表現在口感／醇厚度、味道、香氣或酸度上。不能有任何缺陷與瑕疵等雜味。不能有任何一顆未熟豆。含水量必須落在 9~13% 之間。

特優級（2）：300 公克的咖啡豆裡，全瑕疵豆不能超過 8 顆，其中容許有第一級瑕疵豆。生豆大小與篩網網眼的差異最多不能超過 5%。至少要擁有一個獨特的特色，可能是表現在口感／醇厚度、味道、香氣或酸度上。不能有任何缺陷味，只能容許有 3 顆未熟豆。含水量必須落在 9~13% 之間。

交易級（3）：300 公克的咖啡豆裡，容許有 9~23 顆全瑕疵豆。大於 15 目篩網的咖啡豆一定要占重量的 50%，低於 14 目篩網的咖啡豆不得超過重量的 5%。杯測結果不能有任何缺陷味。能容許最多 5 顆的未熟豆。含水量必須落在 9~13% 之間。

低於標準級（4）：300 公克的咖啡豆裡，容許有 24~86 顆瑕疵豆。

級外（5）：300 公克的咖啡豆裡含有超過 86 顆瑕疵豆。
「全瑕疵豆」（full defects）包括黑豆、發黴豆、外來物、殘餘果肉或葉片／枝條。「第一級瑕疵」（primary defects）包括內果皮／果殼、破裂／破碎豆、蟲蛀豆、浮豆／未熟豆、小石子、小異物。

一批咖啡在經過評估後拿到的等級，會影響它在市場的定價。

現在，你知道該留意什麼資訊了，你可能會想開始仔細檢視從店裡買來的咖啡，確定它真正的品質。希望你也能確保自己烘的咖啡，以及拿給別人品嘗的咖啡是乾淨且符合精品級的標準。能掌控自己手中那杯咖啡的品質，可是身為一個烘豆師的最大好處！

烘焙空間

開始烘豆之前，請從頭到尾想過一遍整個烘焙過程。烘焙設備該擺在哪裡才會有良好的通風？該如何冷卻豆子？該如何貯存冷卻後的咖啡豆？

豆子的高溫足以讓你嚴重燙傷。如果烘豆時沒有好好留心，咖啡豆甚至可能會著火。千萬不要在烘豆時離開烘豆機！處理烘完的豆子或托盤時，應該要穿戴加厚手套或其他隔熱配件。

準備烘豆時工作空間裡應該要有的基本配備：

加強隔熱手套：烤肉用的手套很適合，容易取得，也十分好用。

水：準備足夠的水，隨時將水灑在著火的咖啡豆或銀皮上。不要將水灑在配備了密閉電子零件的設備，例如爆米花式烘豆機。

秤：使用測量範圍超過單一鍋次烘豆量的秤。

勺子或漏斗：任何能將豆子倒進烘豆機而不會撒出來的器材。

隔熱手套

如果你需要拿取還裝著熱燙豆子的平底鍋或滾筒，此時的溫度可能高達 260℃，因此需要雙層隔熱手套，也需要非常小心地處理冷卻過程。

碗：將生豆和熟豆分開盛裝。

空氣流通口：將煙霧排至屋外，或使用適當的空氣過濾系統。

冷卻設備：例如風扇和冷卻盤，以及攪拌匙、鍋鏟或橡皮刮水器，在咖啡豆冷卻時持續翻動。

烘焙度色卡：展示不同色階的印刷品，每種顏色都有對應的焙度，例如淺焙、城市焙度（City）、深焙等等，也可能會有溫度的相關指引。

篩網

此為一種小型咖啡豆篩網，能快速量測一批生豆的尺寸。16 目的咖啡豆意指豆子無法通過 16 公釐的網目。

烘豆量

大多數的烘豆機都有能烘出最佳結果的「甜蜜點」——特定的豆子重量與數量。你可能會發現，被列為豆量 8 磅的鼓式烘豆機其實能烘 9~10 磅的豆子，烘焙成果也不錯。但一陣子之後，豆子流瀉的動作會因為額外的重量與量而改變了，烘豆品質也會開始下滑。

如果能找出烘豆機在不同焙度的「甜蜜點」，那真是再好不過。較深的焙度需要花長一點的時間發展。如果烘焙曲線在深焙時拉得太長，風味口感會變得平板無味，因此豆重應該要比淺焙時輕。你可能會發現，3/4 磅、16 目大小的豆子可以烘至中焙，但深焙時，只能烘 8~10 磅。網目大小指的是將以「公釐」為單位的孔洞，作為最低量測單位。當咖啡豆經過篩網時，不會落到下層。16 目的咖啡豆意指豆子無法通過 16 公釐的網目。

將不同品種的豆子組合成配方豆時，理想上可能要分別烘焙每種豆子，因為每種豆子的最佳烘焙曲線並不相同。大部分烘焙設備都會提供最低與最高重量的規範。替每支豆子

決定烘焙量時，請依循這些指示，例如，如果想烘 16 磅的咖啡，其中 12 磅是基豆，只有 4 磅是其他的豆子，就得使用最低烘豆量為 4 磅、最大烘豆量為 12 磅的烘豆機。如果烘豆機沒有提供指示，就得自己實驗。我喜歡把每一鍋次要烘焙的豆子貯存在不同袋子裡，在袋子裡放入記錄詳細資訊的標籤，標示豆名、溫度或預期的焙度（城市、深焙等）和重量。我會依照想烘焙的順序擺放，接著開始工作。我在烘豆機旁邊還擺了幾個大碗，我會把配方裡的每支豆子分開盛裝，直到準備好澈底攪拌它們，再用袋子裝起來。

儀器設定

　　確實讀完所有烘焙設備的說明手冊是很重要的。請留心烘焙的控制選項，以及如何安全地操控。大型烘豆機需要預熱暖機時間，也需要在關機前降溫到一定的溫度，否則金屬零件可能會扭曲，長期下來就會出現問題。確保機器維持乾淨的狀態，沒有銀皮或累積的油脂卡在氣流流經的地方，否則可能會著火。

　　大多數商用烘豆機裡都有防火自動斷電機制，可以設定在任意一個溫度啟動。斷電溫度通常應該要設定在 260℃ 或以下。應該要以最大安全焙度，以及預期在不同時刻（例如入豆或起鍋）達到的最高溫度來決定烘豆機的設定。

　　由風門控制的氣流大小通常是以數字 1~10 顯示，你可能會從 3 開始烘焙，在豆子進入發展期時將刻度調到 7，接著在每一鍋烘焙之間調到 10，幫助機器冷卻。請記得，當增加氣流時，一定要降低火力和加熱度，避免烘豆機過熱。

　　大部分的鼓式烘豆機，預熱完成後的環境溫度，大約會是 221~249℃。烘焙過程中，可以調整火焰，讓環境溫度控制在這個範圍內。

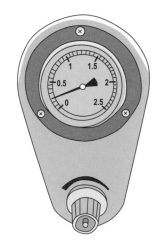

溫度刻盤
（**temperature dial**）

直火鼓式烘豆機的熱能表。它不會測量溫度，只顯示火焰大小或火力。可以藉由調高或調低這裡的設定，以縮短整體烘焙時間，或是為了讓發展期或初始預熱程序達到最佳效果而進行暫時的修正。

烘焙時間

　　依據烘豆機種的不同,烘焙時間會有很大的差異。商用浮風床式烘豆機的空氣溫度非常高,烘焙時間很短。鼓式烘豆機則根據期望的焙度和風味口感,烘焙時間通常落在10~18 分鐘之間。我認識一位哥斯大黎加咖啡農,他堅持用長達 24 分鐘的「巧克力烘焙」慢烘阿拉比卡卡圖艾咖啡。大部分美國烘豆師認為慢烘的升溫速率並不理想,會使咖啡豆產生「焙烤味」(baked profile)。但這位咖啡農的咖啡非常美味。許多美國人在他的咖啡館喝過咖啡後,都成為忠實顧客,並透過海運向他購買咖啡豆。

　　一般而言,小型家用烘豆機的烘焙時間比大型烘豆機還長。彼摩烘豆機烘焙 10 磅咖啡豆的時間平均是 18~20 分鐘,而該品牌的商用鼓式烘豆機則能在 12 分鐘內烘焙 20 磅咖啡豆。

　　如果想要烘焙義式濃縮咖啡,或冷萃咖啡的咖啡豆,可以將烘焙時間拉長 20%,並以降低火力作出相應的調整。較長的烘焙時間會讓豆子失去更多水分,豆子也因此會產生更多孔隙,更適合利用蒸氣或熱水萃取,此時會有更多固體與香氣進入沖煮好的咖啡裡。烘焙時間較長的豆子,同樣適合拿來製作冷萃咖啡。孔隙較多、滲透性更強的咖啡沖煮得比較快,甜味也更明顯。

　　大部分類型或品種的咖啡,都可以依照基本的準則烘焙,無需作出巨大的改變。大多數阿拉比卡咖啡都以差不多的尺寸進行過篩與挑選,通常都是 16 目。不過,仍有幾個例外:

　　圓豆:這是未分裂、外形圓鼓的咖啡豆,質量和密度比其他豆子高出約 40%。烘焙過程中,圓豆會有不同的烘焙表

現，例如一爆的聲音幾乎聽不見，因此需要仔細觀察。也可能會需要特別設計烘焙流程。

迷你豆（tiny beans）：通常都是圓豆。這種咖啡豆的大小可以小至 8 目，烘焙的速度會比更重、更大的豆子還快，因此應該要將火力調低。

未分級豆（ungraded beans）：這種豆子可能來自缺乏挑豆設備的咖啡農所採收的野生咖啡豆，或是將其他豆子以特定大小挑選後所剩下來的咖啡豆。這種豆子也可能是純伊克賽爾撒咖啡，但大小和外觀不一。簡單的經驗法則之一就是，烘焙這種咖啡豆時，讓結束的溫度比烘焙已分級的豆子再多出約 2.8℃，以較慢的烘焙速度讓豆子提升到可接受的範圍。最後可能會需要挑除某些「顏色不對」的咖啡豆。

溼度及起始溫度：請留心，烘豆時的起始溫度若有不同，就會改變烘焙時間。如果通常都是將豆子貯存在室溫約 20℃ 的房間裡，然而烘豆當天卻在大約 12℃ 的天氣裡，載著剛運來的豆子開了三小時的車，就需要調整烘焙時間，以適應冰冷的豆子在烘焙開始時產生的低溫。這個原則同樣適用於暴露在溼熱暑氣中的豆子——可能會烘得比較慢。

> **專家建議**：千萬不要以為來自兩個不同地塊、不同季節的同一支咖啡會有相同的烘焙成果或最佳焙度。舉例來說，每次我拿到新的一批伊克賽爾撒時，我都會進行多次試驗，直到找出客人最喜歡的風味口感。根據咖啡豆和季節的不同，烘焙結束時的溫度可能會落在大約 224~235℃。不要害怕在每個季節都重新校準烘焙流程，就算是熟悉的豆子也一樣。

圓豆

圓豆是未分裂的咖啡豆，因此質量也往往比我們認為的單顆咖啡豆（實際上是分裂成兩半的豆子之一）來得大。較大的質量與密度，會帶來更尖銳或堅果味更強的風味，也會讓你的非圓豆的標準 S 曲線變得不夠精準。如果想要建立圓豆的烘焙模型，請永遠記得要從頭開始設計。

Chapter 5
烘焙過程

烘豆的科學

　　烘焙過程中，咖啡豆的顏色、香氣和含水量會改變，接著一路經歷風味轉換及酸度變化。這些變化發生的速度，以及最終的最高溫度，都會改變風味口感、豆子最終的孔隙率，以及會有多少固體溶解進沖煮好的咖啡裡。身為一位成功的烘豆師，就表示要對烘焙過程中發生的事情有些許了解，並試著主導烘焙過程，做出期望中的最終產品。

　　了解烘焙過程發生的事，能協助我們取得特定的結果，而非只是從試錯中學習、對獲得的結果滿腹疑惑。知識就是力量，讓我們不致浪費寶貴的時間與咖啡豆，並透過反覆試驗來學習。

　　本章要討論的是烘焙過程發生的基本變化，以及變化發生的原因與時間點。

對頁：不同烘焙階段的咖啡豆

糖與氨基酸轉換

　　「梅納反應」是在料理時，氨基酸與糖發生的化學反應，給予褐化的食物一種獨特的風味。我們都認得烤麵包的味道，而我們也會在烘豆時聞到這個味道，這個味道在約177~199℃之間最為明顯，有時即使在約216℃時，也能感受得到這個香氣。這種味道是從類似發酵酵母的烤焙香氣發展而來，而出現我們熟悉的烤麵包味。這個化學反應以法國化學家路易—卡米拉·梅納（Louis-Camille Maillard）的名字命名，他在1912年時初次描述了這種反應。

水分的流失

　　咖啡豆在烘焙過程中，會失去水分。通常淺焙豆會流失13%的含水量，焙度較深時則會流失17%以上的水分。請記住，如果烘焙3磅生豆，最終的熟豆重量不會達到3磅！

密度與孔隙率

　　烘焙咖啡時，豆子的密度會降低，孔隙率則會增加。咖啡豆在剛開始烘焙時很堅硬、密度高，經過烘焙，逐漸變得易碎、易脆。你可以藉由咀嚼不同烘豆階段的豆子來體會這一點。淺焙豆比較難咬，也不會完全碎裂。較深焙的豆子則很容易用牙齒碾碎，也很快就能在嘴裡碎裂成細粒。義式濃縮咖啡豆裹巧克力這種甜點，使用的是慢烘、焙度深的豆子，比較容易咀嚼、吞嚥。使用淺焙豆製作可嚼糖果，恐怕會對敏感的牙齒造成傷害，因為淺焙豆比較難被咬碎。義式濃縮咖啡通常會使用烘得比較慢、焙度較深的豆子，因為其孔隙率與萃取率都會增加。

酸度

　　淺焙豆會比中焙或深焙豆來得酸。這裡指的是氫離子化合物的含量；淺焙咖啡的酸鹼值比深焙咖啡更低。中性的液體酸鹼值為 7。如果一個物質內含的氫離子濃度比中性液體還高，就被稱為酸性物質。如果濃度較低，就被稱為鹼性。常見食品的酸鹼值一般來說是：

　　醋：2.0

　　葡萄柚汁：3.0

　　番茄汁：4.0

　　咖啡：4.3~5.6

　　牛乳、蛋黃：6.0

　　中性水：7.0

　　海水：8.0

　　小蘇打：9.0

　　酸鹼值是一種對數數值，表示每個數值之間的差距是十倍。酸鹼值 6 的氫離子濃度比酸鹼值 5 低十倍。酸鹼值 4 的氫離子濃度比酸鹼值 5 高十倍。因此，酸鹼值 6 到 4 之間，增加了一百倍的氫離子濃度。

　　我們在討論咖啡時使用的「酸」（acid）一字，並不是在說酸鹼值。大多數咖啡中的酸（acids）的酸鹼值都比咖啡溶液來得高。「酸」之所以稱為「酸」，是出於化學定義。有些酸會在烘焙過程形成或增加，可能會影響到味道，但並不會讓酸鹼值降低。

　　咖啡中的綠原酸含量比其他來源為植物的食品還來得高。綠原酸會影響風味和整體的酸鹼值。但是，咖啡也含有

奎寧酸（quinic）、乳酸（lactic）、蘋果酸（malic）、檸檬酸（citric）和乙酸（acetic）。這些酸大多數都會因加熱而減少，但咖啡豆在烘過頭時，某些酸就會開始形成，而這些酸常常會讓我們的身體不舒服。

　　綠原酸在阿拉比卡咖啡通常占了 6~7%，在羅布斯塔咖啡則是高達 10%。但是，羅布斯塔的咖啡溶液通常酸鹼值都比較低。在烘焙過程中，綠原酸會逐漸分解，生成咖啡酸（caffeic）和奎寧酸。中焙咖啡豆在烘焙過程中，大約會失去 50% 原有的綠原酸。

整體而言，咖啡的酸度會因為以下原因減少：

- ·低海拔栽種

- ·蔭下栽種

- ·日晒處理法

- ·特定的品種

- ·烘焙時間較長、烘焙度較深

　　許多咖啡飲用者都很關切酸度。如果他們的胃常常會因為喝咖啡而不舒服，選擇酸鹼值 5.1 以上的咖啡，就不會有這個問題了。我會固定檢測從大型連鎖店買來的商業咖啡，發現中焙咖啡的酸鹼值大多數時候都是 4.9 以下。但是，我自己烘的咖啡通常都是 5.2~5.6。我認為這與我使用更長的烘焙時間有關（15~18 分鐘，而一般業界常用的時間是 12 分鐘），也跟我習慣購買經過仔細挑豆、去除未熟豆和瑕疵豆的豆子有關。我推薦所有烘豆師都要購買簡單的酸鹼值測試器，例如美沃奇（Miwaukee）的產品，價格通常不會超過 30 美元。

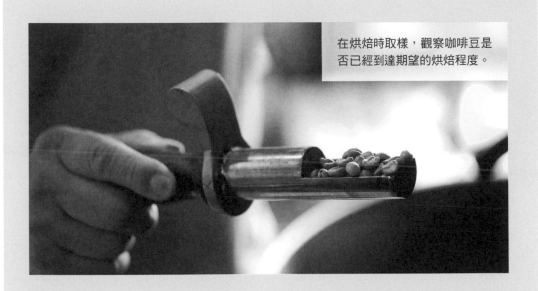

在烘焙時取樣，觀察咖啡豆是否已經到達期望的烘焙程度。

樣本烘焙

烘豆師不會想要將大量的豆子浪費在實驗溫度和烘焙時間。通常在使用較大型的烘豆機烘豆前，他們都會用非常小型的烘豆機進行研究與開發的實驗。一旦決定了烘焙條件，他們才會接著試著應用在較大型的烘豆機，試圖創造同樣的烘焙結果，並在需要的時候進行微調。

如果使用的是小型家用烘焙設備，那麼每一次的烘焙，其實都算是所謂的樣本烘焙量。如果你的烘豆機無法產出可再現的成果，也就代表沒有控制的參考基準或可用的數據。如果無法記錄樣本之所以獨特的原因，就無法將烘豆數據轉換到大型烘豆機上，便不能期待較大量的烘焙會成功，實際上，就還是停留在試錯實驗階段。

如果使用的是大型烘焙設備，也許可以先用可再現成果的樣本烘豆機，一次試驗通常是烘 1/4~1/2 磅的豆量。此豆量便足以進行杯測、陳放和其他測試。

簡單的守則之一就是：每次樣本烘焙時，都要清楚自己在測試什麼。舉例來說，你可能會建立一個溫度與時間的烘焙模型，或是巧克力調、烘焙溫度與豆色的模型。試著將樣本烘焙的次數減少，只要足以產出可對照的成果就行了，接著再對這些試驗烘焙成果進行杯測和評估，如果能先讓豆子靜置休眠一段時間後再進行會更好。然後，再將這些結果運用在發展大型烘豆機上，作為烘豆條件。

抗氧化劑

咖啡含有高濃度的抗氧化劑。抗氧化劑在加熱到約 77℃ 時才具有活性，才能為人體所用。170 公克的中焙咖啡豆，可能含有 200~550 毫克的抗氧化劑；比綠茶和大多數其他被認為含有高濃度抗氧化劑的飲料都還來得多。抗氧化劑會隨著烘焙過程被摧毀，因此淺焙豆的抗氧化劑濃度會比較高。

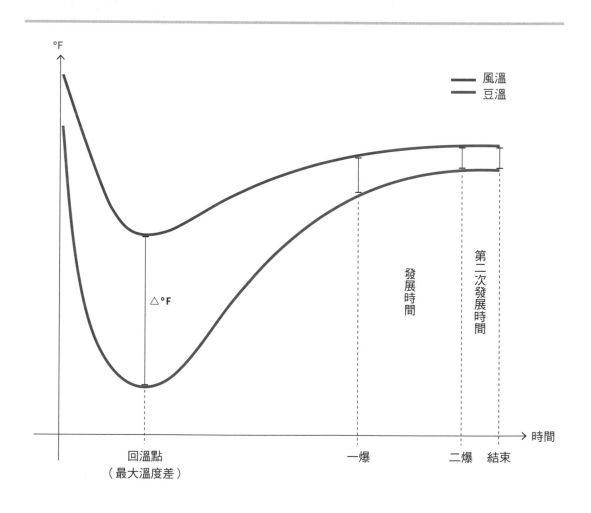

烘焙（S）曲線

　　烘焙（S）曲線只是時間與豆色或溫度的數值圖形。會稱為「S曲線」，是因為這條線的形狀，但大多數烘豆師喜歡稱之為「烘焙曲線」。一旦做出烘焙曲線後，便可以在上面做筆記。

　　烘焙曲線可以透過觀察人工繪製，也能讓連接感應器的軟體將烘豆機產生的數據繪製。由軟體繪製的烘焙曲線，還可以用來控制後續的烘焙。一般而言，烘焙曲線是用來達成

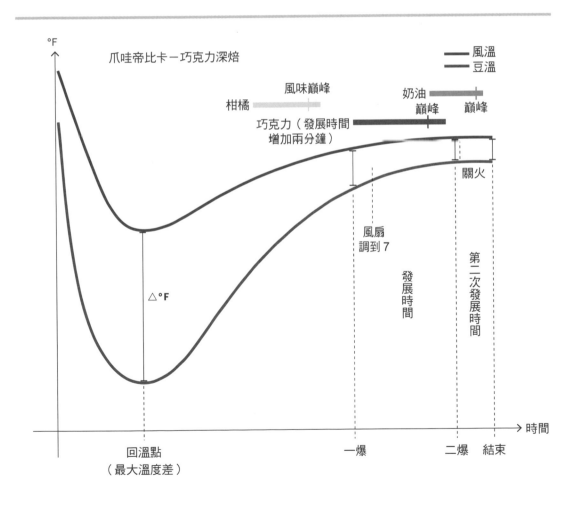

特定的烘焙結果，因此烘豆師不會在烘焙期間鏟豆取樣，也不會在特定時間點將整批豆子取出，進行對照比較；而是用「杯測」（cupping）品評，這是一種用來分析咖啡風味的特殊沖煮測試。

另一個建立烘焙曲線數值的方式，是嘗試不同的溫度設定和烘焙時間，並在特定的標記時間取樣，例如溫度每次變化 27℃ 的時候。也可以建立一張表格或紀錄，記錄每個取樣點的咖啡風味，接著，將這些結果和不同溫度及時間的實驗進行對照。

最後，為一個特定的最終成品建立烘焙條件，例如「中焙蘇門答臘林東（Lintong）」或「巧克力深焙維拉羅伯」。想要複製一個預先計畫的烘焙成品時（不論是自己喝或銷售），就必須按照你創造的烘焙條件進行。

每支豆子都是獨特的！

大部分消費者都認為咖啡是一種簡單的概念：咖啡豆都長得差不多，只有烘焙程度才會帶來不同的風味差異。畢竟，烘焙後的咖啡豆看起來都一個樣（更不用說研磨後的咖啡粉了！）這就是為什麼當我們問顧客喜歡哪種咖啡時，他們通常都會先回答他們喜歡的焙度，例如「我喜歡深焙」。如果再追問下去，他們通常會說「我喜歡蘇門答臘」之類的答案。

事實上，咖啡的基因非常多樣，而往往正是不同的基因品種和後製處理法（日晒、水洗等）決定了風味。

不同熟度的
咖啡果實

烘焙豆色圖表

　　用來辨識標準烘焙豆色，並為每種豆色命名的基本圖表有兩種。一種是一系列的色塊卡，用扣環串在一起，或是用活頁夾裝訂。色卡的色階變化十分細緻，也會有名稱和編號的標籤附在其中。這些色卡的數量可能高達數十張，其中的色階變化也非常細微。初學者也可以使用簡化的豆色圖表，例如右頁的附圖。這是我為了快速簡易地辨識烘焙程度而開發的圖表，其中有七種顏色，代表了最常見的名詞和烘焙溫度。儘管許多人使用不同的名詞，甚至有時還互相衝突，我仍挑選了幾種容易辨認且常見的名詞，範圍從所謂的「黃金（肉桂）烘焙」到法式烘焙皆有。

　　我為每種焙度加上了溫度值，但僅是作為指引。每臺機器烘出這些顏色所需的溫度不盡相同。我在烘豆時，不時會把幾顆豆子拿出來，放到圖表上，瞇起眼睛、讓細節變得模糊，試著找出咖啡豆會「融入」哪個顏色。

　　請留心熱燙的豆子，它們可能會讓你燙傷，或是燒融、燒焦圖表。謹慎拿取咖啡豆，放在圖表上的時間不要太長，或是在圖表上墊一塊薄薄的玻璃。如果你不需要在烘豆時進行快速檢查，就先讓咖啡豆冷卻，再放到圖表上。

這份色表將多種烘焙程度簡化成七個實用階段，對自家烘豆的玩家來說很有幫助。以下展示的溫度值是以 10 磅商用烘豆機為基準。這份色表僅能作為參考。把幾顆熟豆放在圖旁邊，直到找出最符合的顏色。

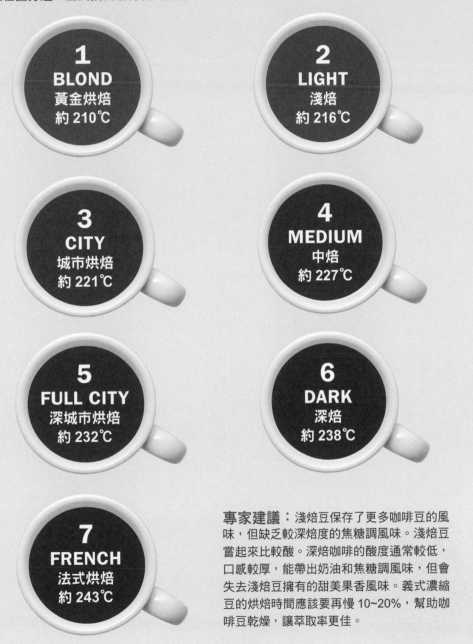

1
BLOND
黃金烘焙
約 210℃

2
LIGHT
淺焙
約 216℃

3
CITY
城市烘焙
約 221℃

4
MEDIUM
中焙
約 227℃

5
FULL CITY
深城市烘焙
約 232℃

6
DARK
深焙
約 238℃

7
FRENCH
法式烘焙
約 243℃

專家建議：淺焙豆保存了更多咖啡豆的風味，但缺乏較深焙度的焦糖調風味。淺焙豆嘗起來比較酸。深焙咖啡的酸度通常較低，口感較厚，能帶出奶油和焦糖調風味，但會失去淺焙豆擁有的甜美果香風味。義式濃縮豆的烘焙時間應該要再慢 10~20%，幫助咖啡豆乾燥，讓萃取率更佳。

烘焙階段

　　烘豆時，豆子的變化發生得很快。如果能事先知道接下來會發生什麼事，會比較好控制，因為當你在取樣、檢查豆子時，咖啡豆已經在邁向下一個烘焙階段了。此外，請記得，即使當咖啡豆遠離熱源，豆子還是會因為自身的放熱而持續烘焙一段時間。你會想在預期的豆色剛形成時就取出來，而在豆子冷卻的過程中，豆色還會再持續發展一段時間。

褐化

　　在咖啡豆烘焙到大多數消費者喜歡的程度之前，會經歷好幾個褐化階段。烘焙從 160℃ 發展到約 191℃ 時，會散發出類似乾草、烤麵包和吐司的香氣。這對阿拉比卡來說是典型香氣。你可能會發現，羅布斯塔和其他咖啡物種不會展現這種香氣發展過程。

一爆

　　當豆溫趨近約 199℃ 時，會出現一種稱為「一爆」的現象。此時，咖啡豆外層會變得乾燥，內部的水分迅速膨脹並轉換成水蒸氣，讓豆子破裂膨脹。通常會伴隨相當大的破裂或爆裂聲。

黃金（肉桂）烘焙／極淺焙
溫度範圍：約 202~210℃

　　剛進入一爆的豆子顏色通常稱為黃金（肉桂）烘焙。我喜歡稱之為「黃金」，因為初學者通常會認為「肉桂」一詞指的是風味。

黃金（肉桂）
烘焙／極淺焙

淺焙
溫度範圍：約 210~218℃

　　一爆結束後（為期約 1~2 分鐘），此時的焙度被視為「淺焙」。有些烘豆師會將這個焙度較淺的階段稱為「新英格蘭烘焙」（New England roast）或「美式烘焙」（American roast）。咖啡豆會在一爆的巔峰起鍋。當把豆子倒入冷卻槽時，有些豆子還會持續爆裂。此時會聞到烤吐司香，以及黑糖、明顯的檸檬或柑橘調性的風味。柑橘調性的風味可能會從酸檸檬汁的味道與香氣，發展成比較沒那麼酸的味道。

城市烘焙
溫度範圍：約 218~224℃

　　城市烘焙通常指的是咖啡豆在一爆結束 1 分鐘以後起鍋的豆色。在它們全數移出、冷卻後，幾乎每顆豆子都已爆裂，外觀呈現一種淡棕色。在這個階段，咖啡豆所有原本的味道都還在，也許還有一點柑橘調風味。此時還沒發生太多梅納反應或焦糖化反應。巧克力調的風味也還沒發展出來，酸度還是相當高。

中焙到深城市烘焙以上
溫度範圍：約 224~229℃

　　中焙指的是咖啡豆在一爆結束後，經過了一段不短的發展時間；最短的時間是在聽得見的一爆之後的 1 分鐘左右。此時，咖啡豆外表已變得光滑，顏色變深，某些焦糖化反應已經開始發生，帶出奶油、焦糖和巧克力調風味；並且果香、甜香、柑橘和花香調的風味開始減少。在接近二爆之前的焙度都是中焙到深城市（full city）烘焙的範圍。一爆後約 2 分鐘之後，焙度就能被稱為深城市烘焙以上。

二爆

　　直到二爆開始時，烘焙才進入下一個階段，而二爆會持續至少 30 秒。當豆子中心的溫度逐漸增加到與豆子外層相同時，豆子中心含有的水分會開始蒸發，導致二爆。接著，豆子會膨脹得更大。一爆的特色就是爆裂聲大而明顯，但二爆比較安靜，就像把牛奶倒在早餐脆穀片上時發出的聲音——一連串細碎的爆裂聲。

深焙（維也納式烘焙）
溫度範圍：約 229~235℃

　　大家在使用「深焙」一詞時，所指之意往往並不一致。深焙指稱的可以是在二爆期尾聲時將豆子起鍋，也可以指在二爆結束幾秒後將豆子起鍋。二爆並非在一瞬間結束，而是逐步結束，大約就在二爆開始後的 2、3 分鐘內。此時的豆色變得更深，常常被稱為「維也納式烘焙」（Vienna roast）。深焙豆如果再繼續烘下去，咖啡豆便會失去原有的風味口感，並開始呈現烘焙的味道，這意味著烘製深焙豆的高溫，會讓所有豆子呈現差不多的味道，因此咖啡豆的獨特風味便會被深焙特有的尋常風味所取代。

進一步發展期

　　在二爆結束時，會有 1~2 分鐘的短暫第二次發展期，此時的咖啡豆相當安靜，但顏色持續變深。咖啡豆開始碳化，而烘焙風味則逐漸壓過豆子原始的風味口感。

法式烘焙

溫度範圍：約 238~241℃

法式烘焙

咖啡豆完全經歷二爆後的第二次發展期之後，就來到法式烘焙（French roast）的焙度。過了深焙階段後，豆色便開始變成棕／黑色。法式烘焙並不是純黑色，仔細觀察深色的豆子，就能發現這是非常深的棕色。在這個階段，通常會產生很多煙霧，而這種煙霧和豆子的碳化反應正是讓法式烘焙豆產生烤吐司味與香氣的原因。如果沒有烤吐司味，就代表尚未到達這個焙度。此時，咖啡豆已經失去 70% 的風味口感，呈現極深焙會有的烤吐司、奶油般滑順的口感。巧克力調風味會持續存在，而花香和果香會全數消失。

義式／西班牙式烘焙

溫度範圍：約 243~249℃

義式／西班牙式
烘焙

烘豆師通常會避免到達義式焙度（Italian roast）與西班牙式焙度（Spanish roast）。此時咖啡豆原有的風味特色幾乎全數消失，只剩下強烈的煙燻味，豆子的顏色為黑色，碳化程度也相當高。這個焙度的咖啡豆並非針對讓消費者在家沖煮，而可能是為了提供咖啡館獨特、極深焙的風味，作為店家特色搭配使用。在這個階段，豆子隨時可能因為懸浮的銀皮碎片接觸豆子外層的油脂，而突然著火。如果烘得夠久，豆子在起鍋時，可能就會因為突然與外部迅速流入的氧氣接觸而起火。

冷卻豆子

關於風味的有效冷卻時間究竟是多長，現在仍有大量的辯論，但基本上，大家都同意冷卻的時間越短越好。某些小型烘豆機（例如彼摩烘豆機）沒有控制冷卻時間的操作選項（預設值是 13 分鐘），而大多數大型烘豆機則有冷卻盤或類似渦流冷卻器等設備，可以加速冷卻程序。溫度越快降到約 93℃ 以下越好，如此一來，豆子就不會因本身的放熱而在內部持續烘焙。我的大型鼓式烘豆機具備非常有效的附風扇冷卻盤，能將空氣往下抽，流過正在攪拌的咖啡豆。通常在 3~4 分鐘以內，豆溫就降到可以用手觸碰的程度。這樣是最理想的。

當我使用我的 20 磅咖啡烤爐時，就需要把豆子倒進一個自己設計的附風扇冷卻盤。所有人都能自己打造出這種設備：製作一個約 61 公分寬、152 公分長的框架，並在框架內安裝穿孔的冷卻鐵網或濾網（孔洞的直徑最好是至少約 0.16 公分），接著，把風扇置於其中一端，讓冷卻的咖啡豆可以從另一端滑落。風扇在冷卻豆子的同時，用勺子或攪拌器不斷翻動豆子。依據焙度和環境溫度的不同，我可以在 6~8 分鐘內冷卻 20 磅豆子，這是尚可接受的冷卻時間。

銀皮控管

銀皮非常易燃。如果咖啡豆的焙度很深、油脂多，銀皮也會變得黏黏的。大多數的烘豆機起火意外，是由於燃燒的銀皮接觸到表面出油的熱燙豆子，而豆子因此迅速起火。每支咖啡豆脫落的銀皮量都不一樣。

我最喜歡的巴西阿拉比卡日晒豆會有大量的銀皮剝落，而越南的羅布斯塔水洗圓豆則幾乎不會有銀皮殘留。我在烘阿拉比卡的時候，每烘 3 鍋就要把銀皮過濾器清空，但烘羅

烘豆後收集起來
的銀皮

基本烘豆過程檢疫參照表					
烘豆階段 （roast point）	褐化	一爆	發展時間	二爆	第二次發展時間	碳化
溫度	約 154~188℃	約 193~202℃	約 204~224℃	約 227~232℃	約 235~241℃	約 243℃ 以上
風味調性	乾草 麵包 吐司	柑橘 花香 烤焙味	柑橘 果香 奶油 黑糖	焦糖 奶油 巧克力	巧克力 極度奶油 煙燻	炭燒味

布斯塔時，我可以烘到 12 鍋以上才需要清理。

　　每臺烘豆機處理銀皮的方式都不一樣。請確保已經盡力試著將所有銀皮導入收集籃等設備裡，並確保銀皮不會堆積在靠近烘焙中的咖啡豆之處。檢查所有銀皮濾網及整個通風管，確保沒有任何銀皮堵塞，以免發生火災。

　　銀皮是神奇的東西！銀皮充滿了營養，任何人都應該很容易就能找到園丁或愛好園藝的朋友，接收這些收集起來的銀皮，拿去做堆肥或埋進土壤裡。我就有一位園丁朋友，總是定期來找我拿銀皮。

烘焙程度

下列熟豆插圖展示了豆色及與其對應的焙度名稱：

黃金（肉桂）烘焙

淺焙

城市／中焙

深城市烘焙

深焙

法式烘焙

義式烘焙

烘豆簡易參考指南

鼓式烘豆機的簡易參考

這篇簡易參考指南，展示了使用鼓式烘豆機烘焙的基本流程，不論是大型或小型的烘豆機都可以參考。其中提供的溫度範圍都是約估值，實際數值請依照設備、溫度探針和豆種來決定。

預熱

如果使用的是小型烘豆機，例如商用樣本烘豆機或彼摩 1600，建議每次進行第一鍋烘焙之前，先讓機器預熱一下。這一點特別重要，尤其是當你想烘焙 3/4 磅的豆量或更深的焙度時。打開烘豆機電源後，讓機器啟動一般烘豆流程，但不要裝上滾筒及銀皮收集盤，接著在 30~45 秒之後切斷機器的電源。

如果使用的是大型鼓式烘豆機（烘豆量上限為 3 磅以上），一定要讓烘豆機在最低加熱設定下運轉，直到環境溫度到達約 149℃。我會讓我那臺 10 磅烘豆機預熱 30 分鐘。適當地預熱及冷卻烘豆機，能避免滾筒和機軸扭曲。

入豆

使用小型烘豆機時，將咖啡豆倒進滾筒後安裝到機器上，接著啟動烘豆機，依照你的設定開始烘焙。

使用大型烘豆機時，將咖啡豆倒進入豆斗，入豆斗底部的活動擋板請維持關閉。豆子全數倒入後，打開擋板，啟動計時器，將機器加熱到理想的烘焙溫度，接著將風門設定在 3（如果你的刻度數值是以 1~10 顯示）或同等數值。關閉擋板。溫度較低的咖啡豆會讓烘豆缸的環境溫度下降，接著會在大約 71~85℃ 之間「回溫」，然後環境溫度及豆溫都會開始上升。

仔細觀察、聆聽一爆的聲音

溫度範圍：約177~199℃

如果可以的話，在 7~9 分鐘之後取樣。如果無法取樣，請仔細聽第一道爆裂聲。咖啡豆通常會在一爆前經歷褐化階段。我將基本的褐化階段稱為「麵包」、「吐司」、「柑橘」，因為這些香氣會在褐化階段發展出來。咖啡豆的品種則會決定有沒有柑橘調的香氣。

鼓式烘豆機

　　鼓式烘豆機的主要組成零件基本上都非常相似。滾筒經由熱源加熱，豆子在滾筒裡每分鐘滾動 30~60 次，才能均勻受熱。烘豆時，你可以藉由電子與機械控制零件來調整、改善烘焙過程。

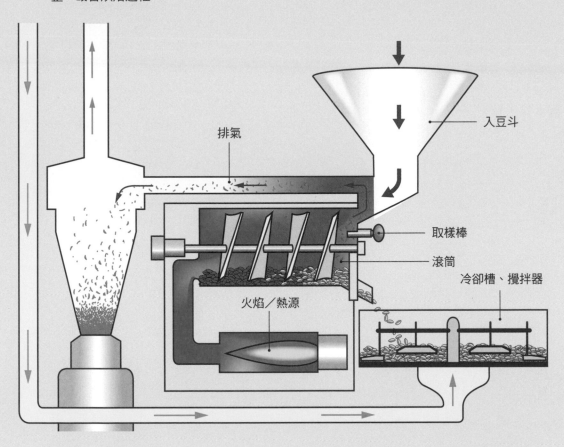

排氣

入豆斗

取樣棒

滾筒

冷卻槽、攪拌器

火焰／熱源

入豆斗：咖啡豆經由此處進入滾筒中。入豆斗底部有一片活動擋板，可以停止或讓咖啡豆往下移動。

滾筒：滾筒中有斜角形的葉片，用來在滾筒滾動時撥散咖啡豆。

取樣棒：可以在任何時候使用取樣棒來檢查豆色與香氣。

火焰／熱源：熱源通常位於底部，但某些電子烘豆機在滾筒側邊也有加熱元件。

排氣：排氣讓加熱空氣與銀皮通過濾網，流往外面。

冷卻槽：風扇讓空氣通過旋轉的咖啡豆，讓豆子迅速冷卻。

一爆

溫度範圍：約 193~207℃

　　一爆的始末可能很難判斷，因為豆子永遠不可能乖乖聽話！此時的烘焙曲線看起來像是鐘型，而大部分的爆裂都是發生在鐘型曲線的中間。當烘豆室裡只剩下一點「脫隊」的豆子爆裂時，我稱之為一爆「結束」。如果想要達到黃金（肉桂）烘焙或極淺焙，可以在一爆逐漸結束，或一爆結束後的 1 分鐘內，就進入冷卻階段。這樣的咖啡就會帶酸，可能是柑橘或果香調性的風味，也很有可能伴隨一些奶油、吐司和黑糖風味。

風味發展時間

溫度範圍：約 207~229℃

　　一爆結束後的 2~4 分鐘之內，咖啡豆會進入碳化階段，此時黑糖風味就會消失，而最終的天然風味會開始發展。此時咖啡的酸度會降低，巧克力調和某些獨特的果香會開始出現，並逐漸增強。奶油的香氣和味道會持續增加。在這個階段，許多烘豆師會將風門開至 7 與降低火力，以把煙霧排出，延長發展時間。此時，咖啡豆會自行放熱，提供許多必需的熱能。

二爆

溫度範圍：約 229~241℃

　　第一次發展時間結束後，咖啡豆會開始爆裂、再膨脹一點。過了 20~30 秒後，豆子很有可能會完全進入二爆階段。二爆階段很難掌控，所以要小心謹慎！有些咖啡豆會在一爆結束後的 1 分鐘內進入二爆，就算降低環境溫度也一樣。其他豆子則可能需要 4~5 分鐘的時間。二爆階段也可能會持續很長一段時間，因此，假如你發現二爆持續超過 3 分鐘，就該確保豆子的上色程度還沒有太深。如果在二爆開始時就起鍋，會得到中焙或深城市烘焙的焙度。如果在二爆尾聲起鍋，就會進入深焙的焙度。二爆之後的 2~4 分鐘內，咖啡豆會進入維也納式及法式烘焙的焙度。

冷卻

　　如果你使用的是小型烘豆機，就按下冷卻鍵，或是關閉熱源、打開風扇。如果還有餘力，就把豆子起鍋。烘焙好的豆子非常燙，可能會讓你嚴重燙傷。請小心拿取咖啡豆，以及注意不要碰觸任何在烘豆過程中升溫的機器表面。把豆子放進寬大的附風扇冷卻盤，並在豆子冷卻時持續翻動。

　　如果使用的是大型烘豆機，請啟動冷卻盤，打開出豆閥門，將風門開到最大，再把火力降到最低。只要能在幾分鐘內讓豆溫降到約 77℃ 以下，冷卻時間的長短就不那麼重要了。最理想的情況是，豆子能在 3~8 分鐘內降溫到可以用手觸碰的程度。

烘焙科技的未來

在現代社會中，要取得烘豆相關的執照及符合環保規範，是一件困難的事。就連自家後院的咖啡烤爐，可能都會面臨煙霧亂飄的問題。此外，瓦斯或丙烷燃料也會帶來安全問題。同時，我們也須正視全球每天都產生的巨大烘豆量，以及空氣品質會受到什麼影響的議題。

現今大多數減少烘豆排煙的應對方法都很昂貴、笨重，而且排煙控制系統的製造商，通常都不會和烘豆設備製造商密切合作。

在過去三、四年間，已經有不少研究與開發行動，將烘豆設備視為獨立、整合性的科技。許多新的烘豆機已經提出專利申請，這些機器在熱源、烘焙過程與排煙控制方面都有更加全面的設計，目標是創造出能應對各種烘焙需求、安全和環境衝擊問題的「全方位」設備。

加州的貝爾威勒咖啡（Bellwether Coffee）製造了 6 磅全自動烘豆整合系統。這個系統的電源是 240 瓦交流電，內建了排煙機制，並獲得了煙霧零排放的認證。它也能連接網路和平板電腦，直接儲存烘焙模型。

我認為這種科技是一大進步，為必須替咖啡館或郵購需求生產一定熟豆量的烘豆師提供了簡單、對環境友善的解方。我很興奮能看到這樣的進步，最終，少量烘豆生產（6 磅左右）的本質也定將因此改變。

重要烘豆筆記與提示

羅布斯塔、賴比瑞亞、伊克賽爾撒和某些源自阿拉比卡的品種的一爆和二爆表現就是不一樣。這就是為什麼在烘焙新產區、物種或品種的咖啡時需要觀察和取樣，這同時也是

試驗和記錄烘焙結果之所以如此重要的原因。羅布斯塔咖啡的一爆通常很安靜，而且，從二爆到燒焦可能也只需不到 2 分鐘。專業的烘豆師並不會因為一支豆子在烘焙過程出現非典型的表現而驚訝，通常在觀察幾次之後，他們就會知道自己該預期些什麼。

所有風味發展所需的溫度與時間並不相同，因此，為特定的豆子建立烘焙曲線再進行測試，會很有幫助。舉例來說，一支肯亞豆可能有強烈的柑橘調風味，但如果烘得不好，製作成義式濃縮咖啡時就會非常難喝，其酸鹼值可能是 4.3，嘗起來如同檸檬汁。因此，講究的烘豆師會不斷觀察和試驗這支產區豆在達到不同烘焙階段與豆色時的表現，直到可以判別柑橘味從何時開始消失、其他風味特性何時開始顯現。如此一來，就比較有可能創造一杯更好喝且令人愉悅的美味咖啡。烘得較慢、升溫較慢（約 210~221℃），也會減少柑橘調風味。

咖啡裡的缺陷味，例如令人反感的過強酸檸檬味、黴味、甘草味或金屬味，可能都是因為豆子本身及處理法造成的缺陷。不要認為一定是自己烘得不好。試試其他產區的豆子，看看同樣的烘法是否也會產生不好的成果。如果成果不差，就放心責怪豆子吧，下次再購買不一樣的豆子就好。

上圖：剛烘好的咖啡豆

下圖：烘豆師在烘豆過程中取樣

對頁：將咖啡豆倒進商用烘豆機

為了杯測而準備的
咖啡豆和咖啡粉

Part 3
烘焙之後
AFTER THE ROAST

一名男子在杯測時嗅聞
咖啡的香氣

Chapter 6
杯測、品飲與品鑑

什麼是杯測？

　　由於我們了解消費者有不同的生理狀況和喜愛，因此很難客觀評判咖啡為什麼好喝？為什麼難喝？我們該如何將一杯咖啡與另一杯比較？舉辦賽事的國際組織發現，必須建立一套共同標準和協定，好為咖啡豆與咖啡品質的評分提供基礎。舉例來說，與手沖咖啡相比，義式濃縮有更多不同的標準。除此之外，買家如何評估來自不同咖啡園和產地的咖啡豆？買家如何能獲得合理的保證，並知道消費者也會喜歡某支咖啡？我們該如何決定某產區的一磅咖啡豆值多少美元？

　　最後，我們針對如何品嘗與享受咖啡建立了一套重要的品質判準，也擬出針對咖啡採購及賽事的評鑑辦法。其中之一就是「杯測」。杯測過程會進行一系列程序，以比較不同咖啡的優點與特徵。最重要的起始步驟，是確保樣本數量夠大，才能真正代表一支樣本或批次。

　　杯測師會根據一般的烘豆和休眠程序進行烘焙與沖煮，並沖出許多杯樣本，以確保杯測次數足夠，足以評判所有條件。杯測師會比較這些樣本，尋找

是否有不一致，接著使用評分表來評估他們的品飲體驗，最後加總出複合性的分數，來反映一批咖啡的相對價值。

精品咖啡協會（SCA）的杯測標準

每位烘豆師都必須留意杯測的世界標準，以了解隨處可見的杯測分數與評語。在美國，這套標準通常是由精品咖啡協會所制定，可以在網站下載這套指南的檔案（請見第165頁「參考資料」）。

注意：精品咖啡協會的舊名，為美國精品咖啡協會（Specialty Coffee Association of America）。當你在尋找這個協會提供的資料時，若同時看到 SCA 或 SCAA 兩個名稱，

精品咖啡協會杯測評分表

請不用感到困惑。

　　精品咖啡協會提供指南的目的，並不是予以規範每種咖啡的最佳標準，而是建立一套可以對咖啡進行一致分析比較的規則。儘管這是立意良善的出發點，但如果你烘的不是阿拉比卡咖啡，或是沒有套用該指南用來評鑑的焙度（大約是城市烘焙），這套指南可能無法滿足你的需求。

　　除了為賽事評析建立標準以外，杯測標準也為如何評鑑咖啡建立了基礎，用十種不同的標準來評估咖啡，同時還有一個評估瑕疵的扣分類別。雖然滿分是 100 分，但實際上卻沒有任何一支咖啡曾經拿到接近滿分。

　　大部分精品級咖啡拿到的分數落在 82~90 分，若是拿到更高分，就很可能有資格得獎。評鑑的十個標準為：乾香（fragrance）、溼香（aroma）、後韻／尾韻（aftertaste）、酸質（acidity）、醇厚度／口感（body）、平衡度（balance）、甜度（sweetness）、一致性（uniformity）及乾淨度（cleaniness）。這些杯測名詞有十分明確的定義，因此將指南讀完，並了解這些名詞的意義非常重要。

排排站好的咖啡，準備好要進行杯測囉！

杯測的目的與方式

　　杯測的目的是評估品質，以及擁有比較不同咖啡的工具。專業杯測標準最重要的關鍵，是讓你了解該如何以有意義的方式評估咖啡，並判定這些咖啡有多「好」。杯測時，請記得以下重要的步驟：

1. **一致的流程**：使用同樣的設備、沖煮起始溫度、顆粒大小、水粉比例、沖煮器材和杯子大小。

2. **嗅聞咖啡**：磨好咖啡粉之後，立刻將鼻子湊到距離約 5 公分處，嗅聞 2~3 次。與其他咖啡比起來，這支咖啡有多誘人、多濃郁、風味有多豐富？你有聞到奶油、巧克力、果香或香料調的香氣嗎？做點筆記吧！

3. **在咖啡冷卻時評估咖啡**：為了評估咖啡在降溫時的風味口感演變，請在杯測一開始便嗅聞溼香與啜吸，接著每 5 分鐘重複一次。某些產區的咖啡以初次品飲的味道，和冷卻 15 分鐘後的風味口感截然不同而聞名。此外，咖啡逐漸冷卻時，瑕疵味會變得明顯。咖啡冷卻之後，嘗起來應該要很甜、很美味，也可能會發展出焦糖、奶油、香草與巧克力調風味。如果冷卻的咖啡味道不佳，就有可能是因為瑕疵豆或未熟豆的酵素活性使味道產生了質變，或是從這些豆子溶解出來的固體物質所造成。

4. **使用測量儀器**：至少應該要準備秤重器、溫度計及色卡來測量重量、水溫及焙度。你可能也會想投資一臺密度計（densitometer）和酸鹼值測定計。

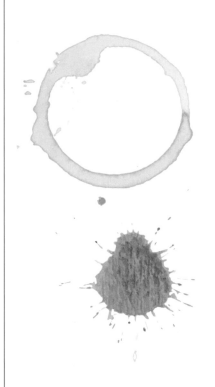

5. **開發語彙**：研讀網路上可以找到的資料，包括精品咖啡協會的風味表（第 165 頁「參考資料」）。學習辨識香氣和風味的好方法之一，就是購買標示了風味的商業熟豆，看看你是否能在沖煮及品飲時辨識出這些風味。經驗能成就鑑別力。

6. **建立自己的杯測習慣**：如果你使用 Whirley 爆米花式烘豆機或爆米花機烘豆，杯測程序能提供的評估就很有限，因為這種烘豆機的烘焙一致性不夠高。但如果你擁有能夠產出可預測、具一致性熟豆的設備，就能採用簡單且實用的評鑑程序，例如接下來所描述的樣本杯測步驟。

樣本杯測步驟

1. 用秤測量出大約 28 公克的咖啡，放在 3/4 磅（340 公克）的法式濾壓壺裡。使用象印牌（Zojirushi）熱水器（或是任何一種如同辦公室冷熱飲水機的機器），這樣水溫就能一直維持在大約 91℃，或是任何機器設定的溫度（或是使用溫度計）。

2. 把咖啡粉倒進濾壓壺中，注入熱水。等待 30 秒後，充分攪拌咖啡粉。再等待 3 分鐘後，再次攪拌，接著壓下壓桿，將咖啡液體倒入同樣容量的小杯子裡。

3. 在品飲前嗅聞溼香，接著啜吸咖啡，寫下對你來說重要的風味印象。接著每隔 5 分鐘啜吸一次，直到完全冷卻，同時要把所有筆記寫下來。請持續記錄，以進行比較。

評估你烘的豆子

使用某些評鑑標準評估你的熟豆，能協助你評估烘焙成果，也能幫助你向其他客人描述及銷售這支咖啡。以下是大多數烘豆師使用的基本評估標準：

酸度

某些產區（例如肯亞）的咖啡可以預期會是酸的，而某些產區豆（例如蘇門答臘）則否。如果你要評估哪種肯亞豆品種比較符合你的喜好，可以對可能具有相似酸度的咖啡進行比較。或者也能比較具有不同酸度的咖啡，例如肯亞豆和蘇門答臘豆，根據你對酸度的喜好，來決定要用哪種豆子。如同前面討論過的，「酸度」是指酸鹼值，意即可以用酸鹼值測定計或試紙檢測的數值，但這個詞也意味了某種尖銳感或刺激感——這是咖啡在硬顎上與香氣表現留下的第一印象。

醇厚度／口腔觸感

通常指的是咖啡液體的黏稠度或濃厚度，以及你能感受到多少的膠質及蔗糖（sucrose）。口感厚實的咖啡普遍被認為比口感稀薄的咖啡來得好，雖然口感帶來的感受可能會使人誤以為溶解在咖啡液體中固體及糖分總量較高，但實際測量的結果可能並非如此。

香氣

如同前面所討論的，香氣的重要性因人而異。喜愛咖啡香氣、能敏銳感受到香氣化合物的人，通常都是硬顎具有較高的敏感度或「超級味覺者」。

不只有鼻子能感受到香氣，硬顎也可以。大多數人能感受到的香氣特性是香氣的甜／酸，以及烤焙味或焦糖調香氣。「香氣愛好者」通常都會說：「那個味道會讓我清醒、精神飽滿。」以及「我不在乎咖啡喝起來是什麼味道，我只在乎聞到的香氣。」如果你想將豆子分享、販售給喜歡咖啡這種面向的人，為香氣進行評估是必要的。

平衡度

複雜性通常會被咖啡豆裡的糖分、氨基酸，以及來自肥沃土壤的礦物質和其他化合物的含量所影響。複雜的咖啡通常都更有層次、平衡度較佳。沒有單一風味特徵會凌駕於其他特徵之上，整體品飲感受是令人愉悅的。舉例來說，如果你將嘗起來有檸檬汁酸味的咖啡用在義式濃縮上，那麼咖啡的平衡度就會很糟糕。

風味及甜度

這杯咖啡美味嗎？它的風味調性有趣嗎？你會想再來一杯嗎？是否不用加糖和奶精，就很好喝了？一杯好咖啡應該要能留下好的回憶，並且讓你想再來一杯。只有不好喝的咖啡才會需要加入糖和奶精，好讓人喝得下去。加入奶精和／或糖來增添風味，純粹只是出於興趣或個人喜好，不該是為了讓咖啡好入口才添加。

對頁：一位咖啡師將熱水倒進杯測樣本裡，確保每一杯都剛好倒滿、沖煮條件都相同。

尾韻或持久度

比起「尾韻」（aftertaste），我更喜歡使用「持久度」（persistence）這個詞彙，因為尾韻（後味）這個詞在美國，有時似乎有負面的含義。這個詞指涉了風味口感的持久度，

以及在將咖啡吞嚥下去之後所留下的記憶。對應硬顎味道的咖啡，例如阿拉比卡咖啡的帝比卡品種，幾乎不會留下持久的風味記憶，因此在品飲盲測中，大家很難從樣本中找出剛才喝過的那一杯。羅布斯塔會在軟顎留下較強的感受，因此風味記憶強烈，人們通常很容易就能在盲測中找出來。這就是為什麼義式濃縮豆常使用羅布斯塔；餐飲業者想要顧客能在二十分鐘後還記得美好的味道，然後再回頭喝一杯。對尾韻進行評估，會引導你選出欲調製成配方的咖啡豆組合，因為你可能會想將高酸度、入口刺激較強的產區豆，與尾韻綿長、令人愉悅的產區豆互相平衡。

黑咖啡與加糖、奶精的咖啡

「咖啡就應該要喝黑的（不添加任何額外的東西）」，此見解在美國及歐洲被大力宣揚，但其實在世界其他地區並不盡然如此。黑咖啡的擁護者聲稱這是唯一能完整體驗到咖啡風味口感的品飲方式，因為這樣才不會被奶精（或一半牛奶、一半鮮奶油）和／或糖給掩蓋風味。但是，研究指出此主張並不正確。當我到中南美洲或加勒比海地區旅行時，咖啡農告訴我完全相反的感想——咖啡的酸度會讓味覺變得遲鈍，難以感受到許多最棒的風味，而透過牛奶和糖的緩衝，才最能感受到咖啡最細緻的美好風味。

在中美洲，我常常見到咖啡農在早上煮咖啡時，也會加熱一壺牛奶，並且在將咖啡倒入杯子裡之前，先加入三分之一杯的牛奶。加入咖啡之後，他們會舀入兩茶匙粗糖。我在哥斯大黎加曾對一名咖啡農說，這種作法讓我想起新英格蘭的「一般咖啡」（coffee regular），意思是加入兩小杯奶精或牛奶，以及雙倍糖的咖啡。他笑了出來，提醒我哥斯大黎加以前曾替新英格蘭的甜點店品牌供應了許多咖啡豆，或許，

也因此間接影響了我們喝咖啡的方式。他也引述了某些研究的內容，指出咖啡中許多風味能被牛奶和糖強調，而非被掩蓋。

在亞洲，很少人會喝黑咖啡。所有知名的即溶咖啡品牌，例如生力集團（San Miguel）、中原咖啡 G7、威拿咖啡（Vinacafé）、雀巢咖啡和其他品牌都添加了不少奶精和糖。儘管其中部分品牌提供黑咖啡，但銷售成績卻很差，高原咖啡甚至在 2016 年將暢銷罐裝冰咖啡的黑咖啡版本下架，因為實在賣得很慘。

在我的研究及經驗中，我發現阿拉比卡咖啡的風味和口感（大部分都是對應硬顎味道的咖啡），常常會被奶精與糖掩蓋至一定程度，但某些調性的風味卻會被強調出來，特別是巧克力和奶油調性的風味。我在杯測休眠期不到三天的咖啡時，我先測試了不加糖與奶的黑咖啡，接著再加入奶精和糖。依序用這種方式測試我的咖啡，幫助我更加理解咖啡的風味，並能緩衝未休眠的豆子中明顯的木質調性與其他粗糙的味道。我也相信每個人都有自己的味覺喜好，而大家需要用試誤的方式找出最適合自己的咖啡。酸味對我的味覺來說太過刺激，而且我發現我無法完整感受含有阿拉比卡豆的咖啡的風味，除非我加入一點點奶精來緩衝味覺。你的經驗可能跟我的不一樣，請相信自己的感受！

奶精和糖比較不會對軟顎味道的咖啡造成掩蓋風味的效果，這很合理，因為我們口腔後方的軟顎並不會感受到甜味或油脂；這些味道感受是在前方的硬顎部分產生。在越南，大部分這類咖啡都至少會包含一點羅布斯塔，加入奶精與糖（通常是加糖煉乳）的咖啡幾乎無處不見。

一位咖啡品質鑒定師正在進行「破渣」，準備檢測熟豆的品質。

咖啡豆休眠

　　如同我們前面討論過的，咖啡在烘焙過程發生的化學變化極為複雜，我們也尚沒有全盤的了解或完整的紀錄。精品咖啡協會的指南指出，剛烘好的豆子，不要馬上進行杯測，而是在烘完的 4~24 小時之後再進行。不過，這個指引只表示了咖啡通常應該要經過休眠，才能進行評鑑或品飲。

　　在評鑑咖啡時，有件事情很重要：咖啡豆內的化學變

化，可以持續進行到咖啡烘焙完成後的幾個星期、甚至幾個月。咖啡豆最重大的變化發生在最初幾天內，接著陳舊現象會以較慢的速度持續發生好幾個月。一旦咖啡豆變得明顯不新鮮了，我們就會對咖啡豆接下來的變化失去興趣。以下是針對新鮮度的幾個指引：

「新鮮烘焙」

剛烘完的咖啡豆會有一種獨特且不可複製的風味——這是一個常見的迷思。我常常讀到像是「剛烘好的咖啡擁有無可比擬的風味口感」這種論述，而我知道提出這種論述的作者，從來沒有在烘豆完的三天內進行不同時間點的杯測。事實上，幾乎所有咖啡都會在烘焙完三天內的不同時間點達到風味的巔峰，而且幾乎全都不會在烘焙完立刻達到巔峰。咖啡豆剛烘好時，其實還在持續進行氧化相關的反應，通常會帶有木質調等粗糙的味道，缺乏任何可能會在後來發展出來的成熟風味。

雖然某些咖啡在剛烘完時，會有令人愉悅的風味口感，但大多數咖啡卻沒有。我有來自波蘇斯－迪卡爾達斯市的巴西火山土壤的一系列咖啡豆，在剛烘完時都帶有美妙的味道。我也有一支蘇門答臘林東咖啡豆，在剛烘好時非常難喝。這兩種豆子都會在烘焙完的幾天內達到風味的巔峰。我可以在剛烘好巴西豆時就立刻進行杯測，但我烘完林東豆後，會等到第三天再杯測；若杯測的時間過早，它就會平乏且有木質的味道，在口中留下不愉快的尾韻。如果我被迫在第三天前就進行評鑑，就無法得到能進入精品等級的評鑑結果。但是這支豆子在第三天與第四天發生的轉變十分驚人——可以說是完全改頭換面，變成另外一支咖啡，並能獲得很高的杯測分數。

第三天

我使用「第三天」一詞，來表示咖啡烘焙後出現的木質味與氧化反應相關的味道已經消失，此時是開始發展出獨特風味的時間點。大多數自家烘焙咖啡館在 3 天後（72 小時後）便停止咖啡的休眠期，開始為顧客沖煮。星期一烘完的咖啡，可能會在星期四開始上架沖煮。我家附近的咖啡館通常會供應烘焙完 3~7 天的咖啡豆。他們有固定的烘焙日，新烘好的豆子來到第三天時，上一批豆子剛好到了第七天。

一間咖啡館通常都有「本日（週）特選咖啡」。這些咖啡可能會在菜單上持續出現好幾天、好幾週，完全依供應商是否有足夠的供應量而定。在不斷變動的環境下，咖啡館通常傾向於針對咖啡休眠期與供應方式採納固定的方針，並假設這樣的量能滿足顧客的需求。更專門的烘豆坊，可能較為依賴零售袋裝咖啡熟豆，而非販售沖煮好的咖啡。由於他們比較會進行更深入的研究與開發，便會為不同的咖啡設定不同的休眠期。

第十八天

我使用「第十八天」一詞，來表示風味達到巔峰的時間點。依據包裝或貯存方式的不同，咖啡的風味可能可以維持在巔峰一段時間，或是開始慢慢地失去新鮮、美妙的烘焙風味。我們在菲律賓的咖啡豆供應商之一，就有一條稱為「十八天」的商品線，之所以取此名稱，是因為人們普遍認為烘焙完成超過十八天的豆子，不應該作為新鮮烘焙的咖啡來銷售。但這種概括法可能會產生誤導，因為依照包裝及貯存條件的不同，咖啡的風味可能會提早消失，但也可能會保存長達 15 個月之久。

如果我們假設所有咖啡豆都貯存在室溫的乾燥環境，那

麼烘焙新鮮度的變化性，就取決於包裝材料的性質，以及盛裝容器是否在包裝時就已抽除氧氣。如果小型烘豆廠只是把豆子倒進紙袋、將袋口密封（常常在許多國家的市場可以看到），那麼，豆子的最佳上架期就只剩幾天而已。與之相對的另一種作法則是商業烘豆廠，他們會將氧氣全數排除、注入氮氣再密封。最理想的容器是完全密閉的材質，不論是瓶子、罐子或由四層箔紙或塑膠布製成的袋子。

Peet's Coffee 品牌在幾年前製作了一支廣告，驕傲地宣傳他們的咖啡豆從烘焙到被顧客從超市貨架上拿下來之間的時間最短，只有 90 天。沒錯，商業咖啡豆從第一站的物流中心、生產中心、較小的物流中心，一路來到最後的零售點，這趟旅程要花上數個星期。一般而言，從烘焙完成到顧客帶回家，大約需要花上 100~120 天的時間。但是這種豆子仍保留了很棒的香氣，在家沖煮時嘗起來也還是很新鮮，因為其包裝方式是完全真空／氮氣填充／四層包材。

如果使用的是真空包裝袋，那麼，咖啡豆就可能可以保持 2~3 個月的巔峰期。如果沒有真空包裝，可能就只有 2~3 週。

樣本記錄表

名稱	物種	批次	日期	焙度	烘焙類型	烘焙時間	筆記
巴西阿德拉諾（Adrano）	阿拉比卡混種	2020	2020 年 7 月 20 日	法式／約 242℃	義式濃縮／乾式（dry）	15 分鐘	煙霧量多；在約 204℃時將風門調大至 7。
巴布亞新幾內亞野生咖啡	阿拉比卡混種	2020	2020 年 7 月 21 日	城市／約 224℃	標準	12 分鐘	一爆後將溫度降低 16.8℃

空白樣本記錄表

名稱	物種	批次	日期	焙度	烘焙類型	烘焙時間	筆記

烘焙紀錄

　　烘焙紀錄是很重要的，如此一來，過去的經驗就能指引未來。端看只是用平底鍋好玩性質地烘焙，還是使用商用鼓式烘豆機認真烘豆，各位可能會想要記錄烘焙曲線（加上記錄在表格上的筆記）、杯測時機和分數。第 146 頁提供了簡單的烘豆記錄表，註明了咖啡品種、焙度和杯測筆記。

　　隨著時間演進，你可能會越來越清楚自己撰寫筆記的喜好。本書提供了空白的記錄表，讓你可以開始嘗試。我也推薦烘豆師在烘豆機或鄰近的工作區域放上白板或筆記本，這樣就能記下簡單的筆記，例如「將深焙巴西豆曲線在 7~10 分鐘之間降低 2℃，看看能否讓巧克力調性的表現變得更好」或類似的紀錄，如此一來，就能指引你的烘焙模型繼續發展、改進烘焙曲線。此作法不只能在未來提醒你烘豆時的想法，也能與使用同一臺烘豆機的不同烘豆師交換資訊。如果你的烘焙軟體或操作機制沒有製作這種紀錄的功能，你可能會在稍晚的時候猛然想起烘豆時的問題，但卻想不起來問題到底是什麼！

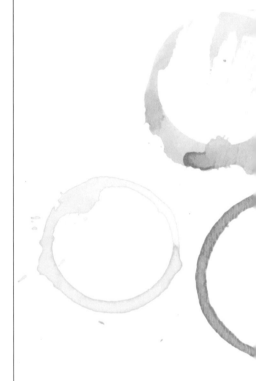

將熱水注入手沖
濾杯的咖啡粉

Chapter 7
熟豆的保存與沖煮

關於熟豆保存

　　「什麼保存熟豆的方式才是最妥善的？」一直是受到廣泛爭論的話題，即使如此，了解應該完成什麼樣的保存準備，依舊能幫助我們選擇出最適合自己的貯藏方式。某些簡單且實用的熟豆保存方式無需添購新配備，或是各位也可以選擇以一點點費用，投資一臺能將空氣抽出的真空密封機或容器。在如此努力烘焙出美味的新鮮咖啡豆之後，全盤了解如何盡可能長時間維持咖啡豆新鮮與美味狀態，絕對非常值得。

熟豆保存的方式

　　咖啡豆會因為氧氣、溼氣與環境的劇烈變化而變質。咖啡豆最好能保存在許多分裝的小包裝或容器中，而不僅僅只是裝在一個大盒裡，而且這些容器都應該盡可能地減少開啟的次數。容器裡的任何環境空氣，都應該要擠出或抽出。

一包未密封的咖啡熟豆

真空密封

此方式能將容器中所有空氣抽出，但也會因此抽出部分能夠維持熟豆穩定度的豆內氣體，因此，在使用真空密封時，需注意不要過度抽取。

熱封

將熟豆以塑膠或金屬箔薄膜袋保存時，達到完全的氣密熱封相當重要；熱封兩次很有效。若是自家使用，建議可以使用一臺簡易型的 FoodSaver® 真空包裝機，以及可用於熱封

的冷凍塑膠袋。這種機器可以同時達到真空與密封的需求。

充氮

氮氣為化學惰性，可以隔絕氧氣與豆子，避免咖啡豆變質。保存咖啡豆的最佳方式就是先進行真空抽取，接著充填氮氣，最後進行熱封。在對經過這樣保存程序的咖啡豆進行盲品比較時，消費者其實無法確切地辨認出保存了數週或12~15 個月的熟豆之間的差異。

冷藏與冷凍

請勿將熟豆以冷藏或冷凍的方式保存。當熟豆經過劇烈的溫度變化時，會對其完整性產生損害變質，咖啡豆可能會結霜，薄膜袋也可能會脆化或穿孔，導致豆子沾染上冰箱或冷凍庫的味道。除非可以將熟豆保存在 −23℃（比任何家用冰箱的溫度都低），否則，冷凍其實無法對熟豆產生延緩衰老的實質成效。

開封的熟豆

我發現讓一包咖啡豆能夠保存長時間新鮮的最佳方式，就是倒出數天用量的豆子。倒出之後，將原本的那包咖啡袋的頂部折疊兩、三摺，然後用橡皮筋或膠帶緊緊捆著，並放在陽光不會照到的室溫陰涼處。在喝完倒出來的數天份咖啡豆之後，重複此動作。簡單來說，咖啡豆與氧氣接觸的次數越少，保存的時間就越長。

存放裝置

我發現，我絕大多數的客戶，如果家裡有密封罐，都認為比起讓咖啡豆放在原本的包裝袋中，將豆子倒進罐子後把蓋子闔上，更能讓咖啡豆保持原有的新鮮度。但其實，這種

作法違反了保存咖啡豆最重要的原則——讓咖啡豆與空氣隔絕。每一次將密封罐打開，就會有新的空氣流進去。以下為如何選擇最佳容器與如何有效使用的一些祕訣。

塑膠袋

千萬別使用食物保存袋，例如三明治袋。這些袋子的材質是空氣可以滲入的薄膜，放在其中的咖啡豆因此很快就會變得不新鮮。建議使用冷凍袋。冷凍袋以更厚實的材料製作，空氣與溼度的滲透性遠遠較低。在封起塑膠袋之前，請將袋中的空氣擠出。每當我有剩下大約 1/4 磅的少量測試豆，而且在確定會在接下來的兩、三天喝完的情況之下，我就會利用冷凍袋簡單保存。冷凍袋用於類似的存放相當方便，也能讓咖啡豆在數天之內保持新鮮。但是，沒有任何普通的食物保存袋能夠長時間保持咖啡豆的新鮮。

多層塑膠袋或鋁箔袋

這類包裝的滲透率相當低，隔離性幾乎等同於玻璃、塑膠或金屬。這類包裝材質都柔軟有彈性，可以將頂部折疊數次之後用膠帶、橡皮筋或金屬線圈封得更緊密，減少熟豆與氧氣接觸的機會。這種保存方式對於大量與少量熟豆存放都很有效。

玻璃或其他不可滲透的罐子或盒子

這些都是不良的保存方式，因為每次打開蓋子，就會讓新鮮的氧氣進入，關上蓋子之後，熟豆就會與氧氣一起密封。然而，它們依舊算是次要的替代保存容器。可以在罐子中再放入一個能適當密封的袋子，作為雙層防護。

注意：有時咖啡零售商會在起鍋之後立刻將熟豆放入類似梅森罐（Mason jar）的容器。研究顯示此作法會產生內部

保存方式

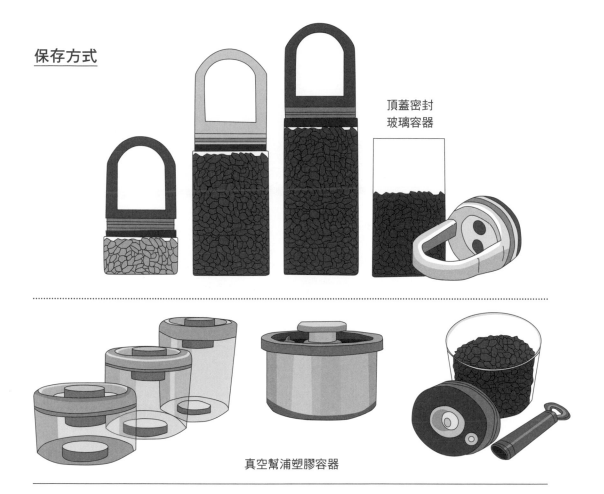

頂蓋密封
玻璃容器

真空幫浦塑膠容器

壓力，對咖啡豆而言是極佳的穩定貯存法。這種保存方式僅
適用於未經研磨的咖啡豆，也不適合存放正在持續使用的豆
子。熟豆排氣（outgassing）時產生的氣壓，對於一般罐子的
封蓋來說，通常有點太高。所以我會在剛開始數小時之間讓
蓋子轉開一點點以釋放壓力，然後再把蓋子轉緊。若是操作
得當，罐子內就會擁有足夠的氣壓，又不至於使蓋子變形。
許多星期過後，再度打開蓋子時，就能夠聞到撲鼻的新鮮烘
焙香，與嘗到品質絕佳的咖啡豆。

活動蓋容器

　　有些密封罐擁有可以向下滑至剩餘咖啡豆頂部的活動蓋，而這種特殊罐子的活動蓋下壓時，會將空氣從單向氣閥口擠出。雖然這類密封罐是任何數量的咖啡豆或咖啡粉最佳的保存方式，但通常也所費不貲。

幫浦真空密封罐

　　這類密封罐擁有可以壓下或幫浦汲出罐中一定量的空氣，讓罐中呈現某種程度的真空狀態。這類密封罐剛開始的效果非常好，但是當罐中存放的豆子越來越少之後，從罐中抽出的空氣量就會變得不足。也就是說，當罐中的熟豆越少，變質的速率也將越快。

於咖啡豆新鮮度的最後幾句話

　　新鮮的意思就是嘗起來新鮮：不論實際過了多久時間，或是熟豆用什麼方式保存。咖啡是否陳舊，很容易由香氣判斷。想要正確認出陳舊熟豆的味道，各位可以去聞聞看放了真的很久的豆子，同時與新鮮豆子的香氣比較。如此一來，就能依靠鼻子聞出咖啡豆是否依舊保有能夠好好享受的新鮮度。有些咖啡豆雖然聞起來有一點點陳舊的氣味，但沖煮之後依舊是一杯雖非傑出，但仍然不錯的咖啡。真正陳舊的熟豆喝起來會非常糟糕。

　　依靠味覺與嗅覺判斷，而並非僅僅用數日子的方式決定，也能讓我們發現一些有趣的現象。我曾經在品飲我的大叻阿拉比卡波旁咖啡試烘成果時，一直對於似乎始終無法去除的軟顎苦味感到相當沮喪。當時我剛進入咖啡產業，還未真正體會讓熟豆靜置「休眠」的重要性（我在烘焙後幾小時之內就開始進行杯測）。這包令人失望的 4 磅中焙咖啡

豆，被我封好丟在架上，後來我就完全忘記了它的存在。兩個月後，我再度瞥見它，決定看看它是否值得一喝，或是直接丟進垃圾桶。結果，它聞起來非常美味。而當我開始沖煮之後，我驚訝地發現它不帶一絲苦味，是一杯非常傑出的咖啡，擁有飽滿的奶油與巧克力調性。

　　我當下很懷疑是我的味蕾正在欺騙我，所以我又沖煮了一杯，然後拿給事業夥伴與幾位公司的員工嘗嘗，而且不做任何解釋。他們紛紛稱讚這支豆子是多麼地美味！我在接下來幾天持續品嘗這包豆子，同時不斷地感到驚喜連連。幾年過後，我在精品咖啡協會的論壇看到一則烘豆師的貼文，他「坦承」自己認為阿拉比卡波旁咖啡豆擁有相當長的烘焙後靜置休眠與熟成期；他偏好烘焙之後陳放 6 週。另一位烘豆師與我也很快地在上面補充了我們類似的經驗。

　　雖然波旁具備這種「瑪土撒拉」（Methuselah）的長壽現象，但我也在其他咖啡豆身上見識到在短短 3 或 4 週之內迅速陳舊的狀況，即使我已經使用了真空包裝保存。我發現關於熟豆新鮮度，或是咖啡在烘焙完成之後多久比較美味等現象方面，其實沒有什麼確切的規則。必須依靠不斷地試誤，才能掌握。

Chemex 品牌
手沖濾壺

沖煮咖啡

　　在大約六百多年的時間裡，全球各角落的人們創造了數以百計的各式咖啡沖煮法。本書的目標雖然並非詳細描述所有咖啡沖煮法，但我會向各位解釋幾種差異極大的沖煮過程背後基本原理的相異之處，以及為何不同的沖煮法，能產生不同的風味表現。

Melitta 品牌濾杯

滴濾法

根據歷史記錄，早在滴濾式沖煮方式出現之前，咖啡的飲用方式比較傾向於與水一起放在壺中煮沸，接著，不同文化才開始各自發展出許多乾燥風格的沖煮法。電子自動滴濾機首先在美國與歐洲發展出來。滴濾沖煮法最重要的關鍵就是沖煮水是否能平均地與所有咖啡粉接觸，以及沖煮過程是否夠快，好讓咖啡依舊保持熱騰騰的狀態。

手沖法

手沖咖啡在世界各地都相當受歡迎，其中類似的沖煮過程變化也相當多元，例如中美洲「襪子手沖」（sock brewer，將網袋放置於容器頂端）與單杯手沖（例如 Chemex 品牌手沖濾壺）等等。由於這些方式都相當簡單基本，所以想要藉由這些方式沖出一杯理想的咖啡並不簡單。在手沖的過程中，重力會讓熱水緩緩由上往下流經咖啡粉層。手沖法可能會有的缺點包括咖啡粉層中的水分分布不均、液體冷卻速度過快，以及滴濾的時間過長等等。各位可以先在靠近咖啡粉層頂部之處將水倒入，接著攪動咖啡粉與水，也許就能改善此狀況。或許也可以試試二沖（double-pour）的方式，也就是將沖煮好的咖啡再度從咖啡粉層上方倒下，此方式雖可改善風味品質，但無法阻止咖啡變冷的缺點。

滴濾器

滴濾器的運作與手沖法類似，但對於沖煮過程與溫度的掌控較佳。美國無處不見的 Mr. Coffee 咖啡機就是一種滴濾器。這類沖煮方式的問題在於，機器通常有 1~5 個噴嘴，將熱水注入咖啡粉層。沖煮完成之後觀察咖啡粉層，就可以發現粉層會出現許多隆起的小山丘與下陷的小低谷，表示某些

越南滴濾壺

部位的咖啡粉層因噴嘴過度萃取，而某些部位則萃取不足。使用這類滴濾機時，注意玻璃壺下方通常會有一個加熱底座，會使放在上面的咖啡受到不均勻的熱源加熱，並慢慢地燒焦咖啡。由這類機器沖煮完成的咖啡，最好以隔熱不鏽鋼壺盛裝，沖煮完成的咖啡大約可以在 45 分鐘之內保持溫熱與較美好的風味。

越南滴濾壺（Vietnamese Phin）也是一種滴濾器。熱水會從薄薄底板上一百個以上的小洞平均地流到咖啡粉層。當操作得當時，此方法能沖煮出絕佳的咖啡。請注意以正確的咖啡粉量與大約 4 分鐘的沖煮時間完成；準備滾燙的熱水，並預熱下方盛裝的容器，讓咖啡能維持熱度。越南滴濾壺也可以用來製作冰咖啡，最好的製作方式就是準備一只高玻璃杯，先倒入你想加入的糖與奶精，然後裝進冰塊，最後將濾器放到玻璃杯上方。沖煮過程非常有表現性，咖啡會緩慢地滴在冰塊上，比起讓冰塊一次與全部的咖啡液體接觸，這種方式可以讓冰塊融化的速度降低。

爐式咖啡壺

爐式咖啡壺與咖啡筒

在 1950 與 1960 年代，美國每一戶人家與每一間餐廳幾乎都可以看到爐式咖啡壺（Percolators）與咖啡筒（urns）。以化學分子反應層面而言，咖啡筒的沖煮成果其實不錯：咖啡液體中的香氣分子最高只能到達一種特定黏稠程度。當濃度變得夠黏稠時，咖啡液體就像是形成了門檻，無法更進一步地萃取。咖啡筒中的咖啡液體會在已經流經咖啡粉層之後，從底部向上抽到頂部，再從頂部的噴嘴（頂部通常會是玻璃材質，可以讓人看到咖啡的顏色）流出，並循環流經咖啡粉層。當咖啡液體到達正確的密度時，就能夠自動限制過度萃取情形的產生。用咖啡筒萃取出來的咖啡之所以風味

法式濾壓壺

香氣不盡理想，是因為其沖煮時間長，可能為滴濾機的 2~4 倍。不過，近期這類型的咖啡沖煮機再度復興，市面上也可以見到舊機型與新設計的機型。有的人偏愛咖啡筒沖煮出的風味與沖煮量（咖啡筒的沖煮量大約能比一般 10 杯滴濾機多出 20~50%）。

有趣的是，瑞士水處理（Swiss Water Process）低咖啡因咖啡的製作原理與其相似：生豆會浸泡在已經有生豆浸於其中的水裡。咖啡因的滲透性比其他大型香氣分子更高，因此咖啡因會從咖啡豆中析出，但更多香氣依舊會留在生豆中。

法式濾壓與愛樂壓

法式濾壓（French press）與愛樂壓（AeroPress）都是全浸泡式沖煮法；所有咖啡粉都經過相對平均一致的沖煮時間。兩者的沖煮方式都很簡單且快速，所花費的沖煮時間都比絕大多數的滴濾機短。全浸泡的方式會為咖啡帶來不同的風味口感。兩者都會在柱塞向下壓時，為萃取增加一道新的壓力元素，它會提升水分滲透進咖啡粉，並從中帶出比滴濾沖煮更多的物質。愛樂壓額外增添的壓力比法式濾壓更多，所以萃取出來的咖啡介於重力滴濾沖煮法，與其他加壓沖煮法之間。

義式濃縮

義式濃縮利用將水蒸氣或高溫水，以高壓推入流經咖啡粉的方式，創造出與重力滴濾極為不同的風味口感，許多固體物質也因此會溶解進入水中。然而，這並不代表一定能對咖啡帶來加分效果。某些咖啡豆似乎適合做出一杯絕佳的義式濃縮咖啡，但有的卻會產生平衡與風味口感極差的咖啡。義式濃縮咖啡的風味還會因為使用烘焙時間更長（豆子會更

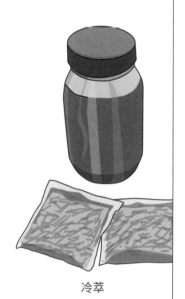

冷萃

乾）或焙度更深的豆子進一步增強，因為更乾燥且更脆的豆子更能讓水蒸氣或熱水滲透。絕大多數的拿鐵與特調咖啡都會使用義式濃縮咖啡作為基底，因為牛奶與糖會降低咖啡的濃度。

絕大多數位於歐洲、加勒比海與中南美洲的咖啡館，都只使用義式濃縮機，因為當地居民比較偏好這類風味口感。若在這些地方點一杯黑咖啡（美式），他們通常會製作兩杯義式濃縮，然後加水稀釋成滴濾式咖啡的強度。越完整的萃取過程，能創造出一杯越豐富且越美味的咖啡。

冷萃

這是一種採用壓力極低萃取的咖啡沖煮方式，此方法會將咖啡粉浸泡在室溫水中數小時。這是一種全浸泡的沖煮過程，基本上就是一種浸漬。本質上，冷萃沖煮法與義式濃縮相反，僅萃取出咖啡粉完整風味口感與酸度的一部分。冷萃咖啡的酸度低，而且低壓沖煮傾向帶出較單純簡單的咖啡特質（我將其稱為「咖啡糖果」）。冷萃咖啡能夠擁有非常美味的風味，也可能僅僅只是稀薄且不完整，其中的差異取決於咖啡豆本身。想要找出你的咖啡豆是否能夠做出美味的冷萃咖啡，還需要好好實際試驗一番。

沖煮訣竅

不同的咖啡豆都有創造其最佳表現的不同沖煮方式。我尚未尋找到預測不同咖啡豆會在不同沖煮方式有何表現的方法。想要為你的咖啡豆找出最佳沖煮方式，需要不斷嘗試各種烘焙程度與研磨刻度，並且記住評估的目標是了解咖啡豆在低萃取度與高萃取度兩大沖煮方法之下，會有何種表現。

一位女士正捧著一把剛烘焙完成，散發香氣的咖啡豆。

記得，必須不斷為各種實驗做下紀錄，同時也千萬別害怕嘗試新事物。

如何成為咖啡藝術家

學習各種關於咖啡事物的主要目標，就是讓自己更了解烘焙過程，讓自己不再僅僅只是把生豆加熱成熟豆。最後這部分，將提供各位一些能讓你從一般普通烘豆師脫穎而出的方法，並協助你成為一位咖啡豆配方大師。

多元物種與品種調配

世上最成功，也最長壽的咖啡就是配方豆。我想各位已經能毫不懷疑地以烘焙單一產區咖啡豆探索特定風味表現，並且試著為每一支豆子找到最佳烘焙程度。但是，各位也應該試著問問自己：「我該怎麼讓咖啡豆變得更棒？」回答這個問題的主要工具就是「多元」。各位不僅可以將各個物種與品種進行混調，也可以混合多種烘焙溫度的熟豆。

花點時間尋找手邊咖啡豆的基因資訊（書末「參考資料」的「咖啡家族樹」就是探索的良好起點）。千萬別因為肯特或維拉羅伯品種都屬於阿拉比卡物種，或甚至都來自相同產區，就覺得它們一定也與帝比卡品種相似。肯特或維拉羅伯等品種的遺傳基因與風味表現源自波旁分支，它們的特性與帝比卡分支相當不同。例如，各位可以試著以酸度低的卡杜拉或黃波旁，平衡肯特的酸度。接著，各位可以嘗試超越品種，加入完全不同的咖啡物種，例如羅布斯塔或伊克賽爾撒。此時，各位就進入了美國目前尚處未知領域的探索（但在世界其他地方已經頗為常見），也因此將創造出獨特的咖啡豆。稀少且獨特的咖啡物種或品種可能會對創新大有

幫助，試試將 10~15% 的豆子換成伊克賽爾撒、提摩或卡帝莫等特殊物種與品種，看看咖啡的整體風味表現會如何轉換成更完整，且更複雜豐富的模樣。

多元烘焙溫度調配

我發現美國的烘豆師通常頗為貶低混合多元烘焙溫度的配方豆，並相信將淺或中焙的豆子與深焙豆混合之後，會使得配方豆失去主要鮮明的風味表現。這種說法雖然並非空穴來風，且頗為睿智，但是，不同烘焙溫度的混調其實在風味平衡方面扮演了關鍵角色：50% 淺焙與 50% 深焙的配方豆，可能會做出一杯很糟糕的咖啡，但 80% 淺焙與 20% 深焙的組合卻可能創造出一杯乾淨、鮮明、果香十足，並混著怡人焦糖、奶油與巧克力調性等軟顎風味的美妙咖啡。最初幾口啜飲與冷涼之後的品嘗，也可能會有不同的感受。這類毫無預期的多層風味，將是令人驚喜的美味享受。

多元烘焙溫度配方豆在歐洲較為常見，也因此這類配方常被稱為「歐洲烘焙」。當各位以創作藝術作品的方式實驗擁有不同烘焙溫度的細膩平衡時，就算說不上創造咖啡烘焙的新境界，也有可能為當地消費者提供了從未見聞的新事物。

大步向前，繼續烘焙！

帶著你四處經歷獲取的知識，並且永遠不要害怕獨自嘗試與學習。永保有趣好玩的心！即使是在大量生產商用烘豆廠工作的那些背負了龐大壓力的配方師，也必須保有不斷冒險與嘗試新事物的精神。當你感到一切不再有趣時，所有的創新與驚喜也將隨之離去，而這些正是偶爾能讓我們創造出最棒成品的關鍵！

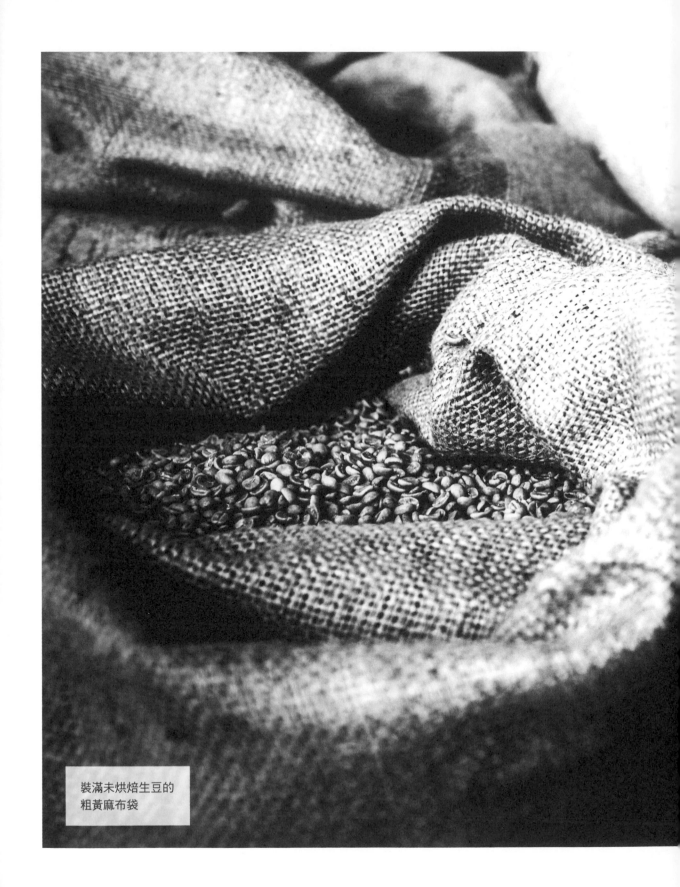

裝滿未烘焙生豆的
粗黃麻布袋

參考資料

The Known 125 Species of Coffee:
theplantlist.org/1.1/browse/A
/Rubiaceae/Coffea

Arabica Progenitors:
scanews.coffee/25-magazine
/issue-9/english/a-search-from-within
-investigating-the-genetic-composi-
tion-of-panamanian-geisha-25-maga-
zine
-issue-9

Coffee Bean Standard Grades:
coffeeresearch.org/coffee/grade
.htm

Coffee Sensory Workshop:
caffeinated.training/jun29-2019
-sensory.html#1

Penagos Mill Video:
lenscoffee.com/videos-1

SCA Cupping Protocols (PDF):
scaa.org/PDF/PR%20-%20
CUPPING%20PROTOCOLS%20
V.21NOV2009A.pdf

University of Florida Taste Studies:
cst.ufl.edu/research2.html

**Where to Buy an SCA Updated
Flavor Wheel:**
store.sca.coffee/products/the
-coffee-tasters-flavor-wheel-poster?
variant

**Where to Buy an Official SCA
Cupping Form:**
store.sca.coffee/products/scaa
-official-cupping-form?variant
=14732977990

索引

謝詞

我想感謝我的女兒 Melanie Weisberg，她的文章與編輯為我們的網路內容貢獻良多，也謝謝她協助編輯這本書。

我也想謝謝烘豆好兄弟兼志同道合的搭檔 Pete Harkins，他追尋尚不為人知的最好咖啡（和啤酒），協助我將視野拓展到地平線之外、下一個偉大事物等待被挖掘之處，而不是只停留在熟悉、已知的領域。

我也要感謝許多咖啡生產者，他們提供我許多咖啡農園的照片，協助我展示符合倫理、環境永續的咖啡種植方式能有多美麗、能帶給我們多光明的未來。

關於作者

藍·布勞特自幼年時因為用蠟筆在牆上畫畫而被父母打屁股的時候開始，就在寫作與創作藝術了。他撰寫了超過兩百篇說明文，擔任藝術總監與創意總監，也在知名廣告代理商擔任寫手。在創立咖啡網路商店之前，他經營一間設計與傳播公司已有十七年。他到現在仍會為康考迪亞高中新聞獎（Concordia Award for Journalism）和《波士頓環球報》（*Boston Globe*）頒給他的最佳高中報紙編輯獎牌揮灰。

自 2005 年起，他開始經營一個咖啡網站「LensCoffee.com」，並舉行過多次咖啡沖煮和烘焙的研討會。《越南經濟時報》（*Vietnam Economic Times*）將他評為「將越南咖啡文化帶進美國的人」。他的公司支持不讓賴比瑞亞咖啡在菲律賓絕種的計畫，以及在咖啡產業內擴展直接貿易。他的個人使命是協助保存咖啡基因組的多元性，以及幫助咖啡農透過種植抗熱性、抗病性較佳的不同咖啡物種來適應氣候變遷，讓它們可以在氣候變暖時遷往更高海拔的地點。他將咖啡視為蘊含巨大潛力的商品，能改善全世界數百萬人的生活。

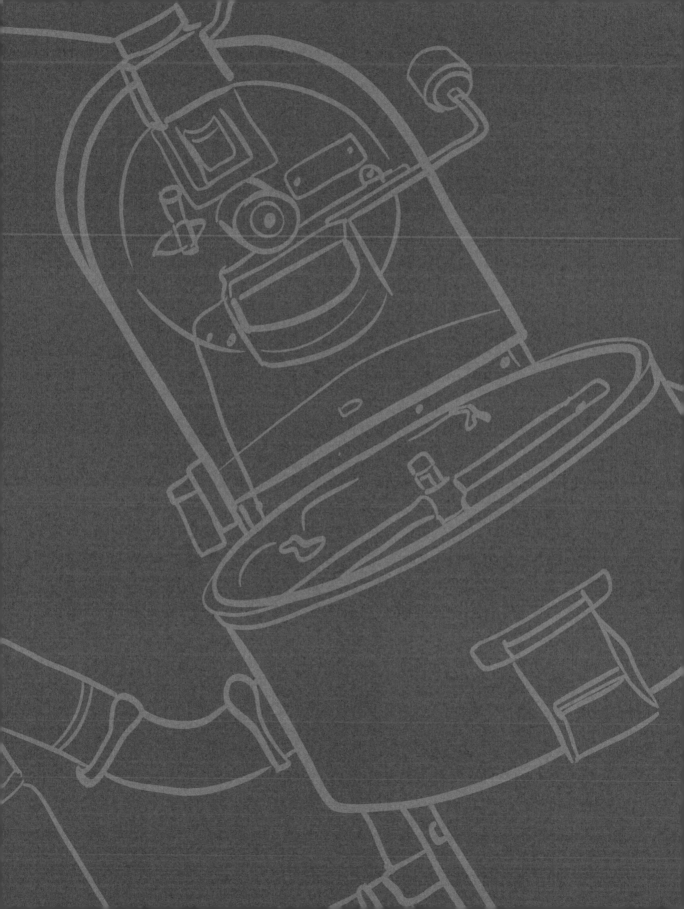

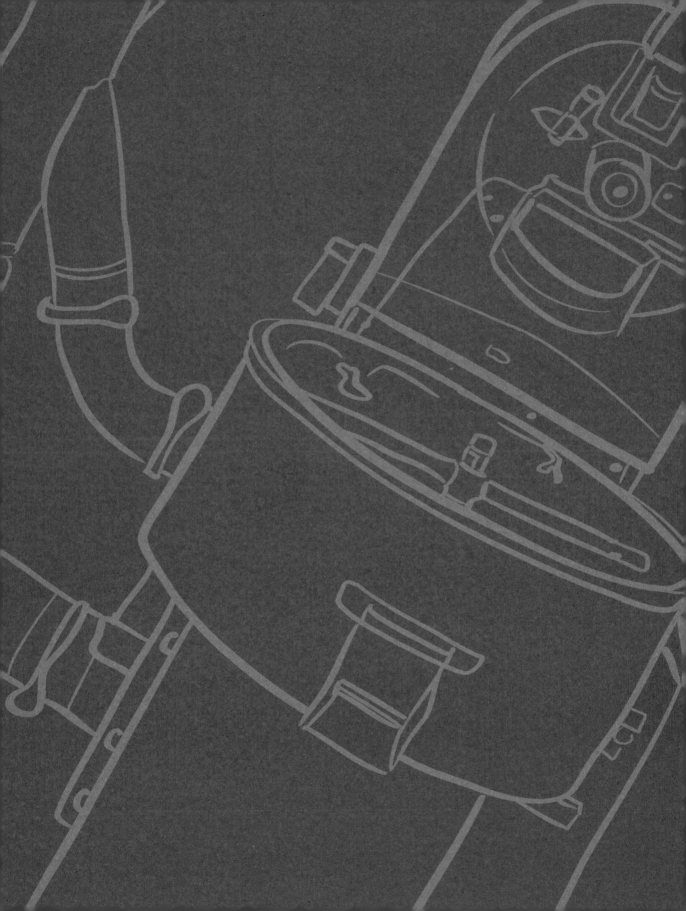